# 快速识别选购化肥实用手册

KUAISU SHIBIE XUANGOU HUAFEI SHIYONG SHOUCE

范喜文 编著

中国农业出版社

北　京

图书在版编目（CIP）数据

快速识别选购化肥实用手册/范喜文编著 . —北京：
中国农业出版社，2019.4
ISBN 978-7-109-25410-7

Ⅰ. ①快… Ⅱ. ①范… Ⅲ. ①化学肥料－选购－手册
Ⅳ. ①S143-62

中国版本图书馆 CIP 数据核字（2019）第 063837 号

中国农业出版社出版
（北京市朝阳区麦子店街 18 号楼）
（邮政编码 100125）
责任编辑　王琦瑢　浮双双

北京通州皇家印刷厂印刷　　新华书店北京发行所发行
2019 年 4 月第 1 版　　2019 年 4 月北京第 1 次印刷

开本：880mm×1230mm 1/32　印张：6　插页：24
字数：150 千字
定价：36.00 元
（凡本版图书出现印刷、装订错误，请向出版社发行部调换）

为本书作序，虽感笔重如椽，但也随心遂愿。面对当前化肥产品质量良莠不齐的现实，涉肥者如何识别、选购合格化肥，已经成了一个迫切需要解决的问题。面前的这本即将出版的《快速识别选购化肥实用手册》就像一面明镜，可以把当下问题化肥的乱象照得"原形毕露"，使之无法遁形，难以大行其道、坑骗良善。从这一点上说，本书的出版实在太及时、太实用了。

本书第一章将化肥包装标识分解为七项内容进行解析。所依据的法规、标准介绍得明明白白，违规包装标识中的各类问题梳理得清清楚楚。第二章按化肥不同类别，介绍了快速定性识别化肥的方法，简单明了、易于操作；介绍了如何辨识各类化肥包装标识存在问题，重点突出，针对性极强。第三章对实际选购化肥时各类注意事项做了细致入微的讲解，可以说每一条都是实践中经验教训的精心总结。

透过本书通俗易懂的文字和对应的包装标识图片，可以清晰地感受到，"责任"和"信念"在作者心中拳拳之忱。令人赞赏和感动的还有，本书作者是一位年逾古稀的长者，其从事肥料工作数十年，始终服务于基层，一直在第一线为涉肥者提供技术指导。用老人家自己的话说："本人出身农家，一直无以回报，只能以此表达感恩之情"。

坦言之，这就是一本十分难得的提纲挈领、简洁明了、实用性极强的科普工具书，完全适合各种文化程度的涉肥者使用。

张明如

2018 年 11 月 16 日

# 前言

## QIANYAN

　　肥料是庄稼的粮食。增施肥料是实现农作物高产、高效、优质目标的基本措施之一。据权威机构统计，我国多年来土壤肥力监测的结果表明，在其他生产因素不变的情况下，肥料对农产品产量的贡献率，全国平均为57.8%。化肥在肥料中占据十分重要的地位。据联合国粮农组织统计，化肥在粮食增产中的作用，包括当季肥效和后效，平均增产效果为50%。

　　目前，化肥的品种越来越多，新型化肥与日俱增，这对农业生产的发展无疑具有一定的推动作用，但同时一些人受经济利益驱动，用多种方式兜售各式各样的问题化肥。这些问题化肥一方面可能给用户造成损失，另一方面也给严守规矩的化肥生产企业由于不平等竞争带来伤害，进而还会败坏社会公序良德。

　　问题化肥的出现及蔓延，与涉肥的生产者、销售者、使用者乃至管理者对化肥的基本知识，尤其是识别化肥的能力密切相关。对于化肥生产者来说，如果不清楚国家关于对化肥生产的法律、法规、执行标准等基本知识，就可能在包装标识设计、内在质量等方面违规操作，严重的要承担制假售假的法律责任；对于化肥销售者来说，如果因为自己不懂得识别化肥的基本知识而经销了问题化肥，就可能给使用者造成经济损失，不但影响自身的商业信誉，而且有可能产生连带赔偿责任；对于化肥使用者来说，如果对识别化肥的基本知识了解甚少，就容易因购买、使用问题化肥而影响增产增收，有的甚至会造成难以弥补的损失；对于管理化肥的国家相关部门工作人员来说，如果对识别化肥的基本知识知之甚少，就容易在客观上给制售假劣化肥者以纵容，破坏正常的市场秩序，进而产生不良的社会影响。因此，当前迫切需要一本能够给涉肥者提供快速识别、选购化肥基本知识的参考用书。

针对此现状，作者结合自己数十年来在一线从事肥料工作的实践，历经三年半时间，完成了本书的文字内容。全书分三章对快速识别、选购化肥的基本知识做了介绍；依照文字内容，载出肥料包装标识图片210幅，以便读者能直观地对照辨识并快速理解、掌握。所载图片绝大部分是作者近十年来于一线肥料市场和大型肥料会议展位上拍摄，部分由业内人员提供。图片中厂名、厂址、电话、网址等涉及具体企业的内容均做了掩盖处理。书后附录中载出与化肥相关的法律、法规条文（摘选）及常见肥料的执行标准，供读者查阅。

本书撰写得到了全国农林界特别是肥料行业同志的大力支持。浙江农林大学张明如教授，在成书过程予以通力帮助并为本书作序。南京农业大学张海彬教授（博士生导师）、民盟呼和浩特市刘烨为本书内容建言献策。内蒙古慧聪律师事务所张献华律师、内蒙古三恒（呼和浩特）律师事务所王伟律师为本书内容提供法律支持。在此一并致以由衷的谢意。

由于作者水平所限，资料来源不足，难免有错漏之处，恳请读者批评指正。

作　者
2018 年 9 月

# 目录
**MULU**

# 绪　　论

为了加强肥料管理，中华人民共和国农业部根据《中华人民共和国农业法》于 2000 年发布了《肥料登记管理办法》（附录1）。《肥料登记管理办法》规定"在中华人民共和国境内生产、经营、使用和宣传肥料产品，均应当遵守本办法"。为了具体落实《肥料登记管理办法》，农业部于 2001 年发布了《肥料登记资料要求》（附录2），对肥料登记的操作流程做了具体规定。2010 年农业部发布了行业标准《肥料登记　标签技术要求》（编号 NY1979—2010）（附录3），依据《肥料登记管理办法》规定的原则对肥料包装标识的具体技术内容做了进一步细化要求。近年来农业部相继发布了有关公告和一系列文件，对实行多年的肥料登记行政审批制度进行了改革，取消了提交肥料样品、质量复核性检测和肥料残留试验、肥料田间示范试验等"三项规定"和肥料临时登记，大大简化了登记程序。这些修改是为了简政放权、方便肥料登记和更好地为企业服务，并不是放松对肥料登记的管理。

为了规范肥料包装标识，国家标准委于 2001 年发布了强制性国家标准《肥料标识　内容和要求》（GB 18382—2001）（附录4）。该标准规定了肥料包装标识的基本原则，对标识的各项内容提出了具体要求。该标准适用于中华人民共和国境内生产、销售的肥料，自 2002 年 7 月 1 日起，市场上停止销售肥料标识不符合该标准的肥料。

此外，常用化肥都有相应的国家或行业执行标准。这些标准对化肥的包装标识、质量技术指标等方面都做了明确的规定。

目前国家还没有颁布《肥料法》。在肥料管理方面，除了国家宏观"母法"中的相关条文外，上述《肥料登记管理办法》《肥料登记资料要求》《肥料登记　标签技术要求》《肥料标识　内容和要求》及各种化肥产品的国家或行业标准，是我们识别化肥、选购化肥时做出判断的基本依据。

# 第一章 从包装标识快速识别化肥

选购化肥，最先吸引注意力的就是化肥包装标识。因此，识别化肥首先要从包装标识开始。这也是最快捷、最简便的方法。

肥料包装标识就是"用于识别肥料产品及其质量、数量、特征和使用方法所做的各种表示的统称"《肥料标识　内容和要求》，就是指肥料包装袋上印制的文字、图案以及合格证（或质量证明书）、使用说明及标签等内容。《肥料标识　内容和要求》《肥料登记管理办法》《肥料登记资料要求》《肥料登记　标签技术要求》规定了肥料包装标识的基本原则，同时又对包装标识的文字、图案、色彩、包装袋质量等方面提出了具体的要求。

目前化肥包装标识上存在大量问题，从源头上讲就是有的化肥生产者没有很好地学习国家对肥料包装标识的要求所致。不规范的化肥包装标识背后，常常隐藏着一些不想让用户知道的关键信息，或者有误导内容，有的甚至存在严重的质量问题。

包装标识相当于化肥的"身份证"，也是说明书；是判断化肥产品合格与否的起点。本书选载了问题包装标识图片192幅（彩图1至彩图192），分为问题氮肥、问题磷肥、问题钾肥、问题复混（合）肥料、问题复合肥料、问题水溶肥料及补遗几个部分；合格包装标识图片16幅（彩图193至彩图208）；化肥外观图片2幅（彩图209至彩图210）。阅读时应按书中所述内容逐项、逐条与图片进行比对，这样就可以对问题化肥快速做出一个基本判断。

## 第一节　化肥名称（代码：A）

化肥名称是界定本化肥所属类别的首要内容，识别、选购化肥首先要从化肥名称开始。

## 一、化肥名称标注相关规定

《肥料登记管理办法》规定"肥料商品名称的命名应规范，不得有误导作用"。《肥料登记资料要求》规定：肥料"产品名称（以醒目大字表示）：应当使用表明该产品真实属性的专用名称，并符合下列条件：①国家标准、行业标准对产品名称有规定的，应当采用国家标准、行业标准规定的名称；②国家标准、行业标准对产品名称没有规定的，应当使用不使消费者误解或混淆的常用名称或俗名；③在使用'商标名称'或其他名称时，必须同时使用本条①或②规定的任意一个名称"。

《肥料标识 内容和要求》规定：肥料包装标识应标明国家标准、行业标准已经规定的肥料名称（即通用名称）。对商品名称或者特殊用途的肥料名称，可在产品名称下以小1号字体予以标注。国家标准、行业标准对产品名称没有规定的，应使用不会引起用户、消费者误解和混淆的常用名称。产品名称不允许添加带有不实、夸大性质的词语，如"高效××肥""××肥王""全元素××肥料"等。

《肥料登记 标签技术要求》规定，肥料"商品名称"应该按肥料登记证执行。不应使用数字、序列号、外文，不应误导消费者。

以上规定对化肥名称的命名、字体的大小、编排位置都做了明确的规定。可以归结为下面三点：

①化肥包装标识必须标出该产品真实属性的专用名称（即通用名称），既不能没有化肥名称，也不能随意更改通用名称。

②化肥通用名称必须用醒目大字标注在最显眼的位置；如有其他商品名称或者特殊用途的名称，也要排在通用名称下面，并且以小1号字体标注，而不能采用缩小、淡化、遮掩、移位等方法把化肥通用名称模糊化。

③国家标准、行业标准对产品名称没有规定的新型肥料，制造

者可自拟产品名称，但自拟的产品名称同样必须能表示该产品的"真实属性"，用不使消费者误解或混淆的常用名称或俗名，不应使用数字、序列号、外文，不允许带有不实、夸大性质的词语。

最常用化肥的通用名称如：

氮肥：硫酸铵、氯化铵、碳酸氢铵、尿素（及有国家、行业标准的其他尿素）、硝酸铵、脲铵氮肥等。

磷肥：过磷酸钙、钙镁磷肥、重过磷酸钙等。

钾肥：氯化钾、硫酸钾等。

复混（合）肥料：复混肥料、复合肥料（执行 GB 15063 标准）、掺混肥料、有机—无机复混肥料等。

复合肥料（自有国家或行业标准）：磷酸铵（磷酸一铵、二铵）、硝酸钾、硝酸磷肥、硝酸磷钾肥、磷酸二氢钾、硫酸钾镁肥等。

缓控释类肥料：缓释肥料、控释肥料、稳定性肥料（及有国家或行业标准的其他缓控释肥料）等。

水溶肥料：大量元素水溶肥料、中量元素水溶肥料、微量元素水溶肥料、含腐殖酸水溶肥料、含氨基酸水溶肥料等。

单一微量元素肥料：硫酸锌、硫酸铜、硫酸亚铁、钼酸铵、硼砂、硼酸等（其余部分化肥的通用名称见附录 6、附录 7）。

## 二、化肥名称常见违规标识介绍

上述法规、标准对化肥名称的要求十分明确、具体，但在市场上化肥名称方面依然存在大量违规标注问题。这种现象表明，有的制作者并不清楚上述规定，因而犯下此类低级错误。

### （一）无化肥名称（A1）

一些化肥包装标识上找不到合格的化肥名称。分为两种情形：

**1. 标出一些不能作化肥名称的词语**

一种标出含氮磷钾、执行企业标准的化肥，按规定本应归类为"复混（合）肥料"系列，但该肥料除了在肥料名称位置标出**"多肽·长效·缓释"**几个文字，再没有标出可以作为肥料名称的其他任何文字；而标出的这些文字，仅能表示内含成分、功效等内容，显然与化肥名称不搭边，实际上等于没有肥料名称（彩图71）。

一种标出含有氮磷钾（16-16-8）、执行复混（合）肥料标准的化肥，却没有"复混（合）肥料"名称，而在肥料名称位置标出**"硝硫基""含硝态氮""速效·长效""易水溶　全吸收"**几组文字，这些文字同样是与化肥名称不搭边的词语（彩图52）。

一种标出含氮磷钾、执行掺混肥料标准的化肥，无掺混肥料名称，在肥料名称位置标出莫名其妙的**"3膜3控第三代"**数字和文字，却标称**"套餐领导品牌"**，还标出大量夸大性宣传的文字（彩图82）。

**2. 用文字商标替代、混淆化肥名称**

一些化肥没有标出化肥通用名称，而把文字商标放在化肥名称位置，实际是用它替代、混淆化肥名称。

一种化肥把概念糊涂的文字商标**"古米甲™"**排在肥料名称位置，再没有标出其他可作为名称的文字，明显是用文字商标替代、混淆化肥名称（彩图45）。

一种化肥把文字商标**"美高四安®"**排在肥料名称位置，同样再没有标出其他可作为肥料名称的文字，也是用文字商标替代、混淆化肥名称（彩图127）。

**（二）模糊化通用名称（A2）**

不少化肥虽然保留了化肥通用名称，但采用缩小、淡化、遮隐、移位等方法，使化肥通用名称模糊化，而把其他称谓用大号字在醒目的位置标出。

一种化肥把违规名称**"求实钾宝"**用大号字排在显眼位置，而把通用名称"复合肥料"缩小字体后标注在不显眼的位置（彩图68）。

用特大号字体标出违规肥料名称**"菌酶三胺"**，而排出的通用名称**"复混肥料"**缩小并淡化到几乎看不清楚的程度（彩图128）。

某化肥标出文字商标**"绿色原子弹®"**排在最显眼的位置，大有充当化肥名称的意味，在上方又用中号字体标出莫须有的"**中微量元素控释肥**"，而在下面夹缝里用小号字体标出"**肥料类别：微量元素水溶肥**"（彩图 143）。

一种用大号字标出违规肥料名称"**三铵**"，排在最显眼位置，而把通用名称"复混肥料"缩小字体后标注在下面颜色很深的地方，故意使人看不清楚（彩图 190）。

目前，把化肥通用名称模糊化的现象在各类化肥中非常普遍，本书所列的问题包装标识图片中，读者可以大量见到。

现在还有一些化肥自拟违规"化肥名称"（A3～A8）。这些自拟的"化肥名称"，许多违背了肥料名称是"表明该产品真实属性专用名称"这一基本要求，或夸大性宣传功效，或傍靠高价值化肥名称，或概念糊涂、化学机理不通甚至明显错谬。

### （三）夸大功效的名称（A3）

为了突出自己产品高超、尖端、作用非凡，有的化肥自拟了许多带有夸大性宣传功效的名称。主要有以下两种情形：

**1. 用直接夸大性词语做名称**

此类化肥公然违背《化肥标识　内容和要求》中明令禁止使用的"高效""强效""全元素"等夸大性词语作化肥名称。

"**高效冲施肥**"（彩图 156），"**强效锌氮肥**"（彩图 8），"**全元素水溶肥**"（彩图 152）等。

**2. 用间接夸大性词语做名称**

此类化肥用间接性夸大化肥功效的词语作化肥名称，同样起到了夸大性宣传的作用。

自拟名称"**小麦千斤旺**"，明显在宣称该化肥功效超凡，施用后特别高产（彩图 66）。

人们都知道金子贵重，"**黑金**"（彩图 67）、"**白金尿素**"（彩图 189）则比较隐晦地宣称该肥料如同金子一样珍贵。

"**金铵 60**"则宣称该肥料中的"铵"非同一般，而是像金子一样贵重的"金铵"，且高达 60％的养分含量（实际仅有 20％的氮）（彩图 164）。

"聚能追肥"似乎要宣称该化肥是聚合了超强能量的一种特殊追肥（彩图 157）。

无论采用直接或间接夸大性宣传词语作化肥名称，都违背了拟定化肥名称的基本要求，属于明显的违规行为，但目前此类违规现象并不少见。

### （四）傍靠高价值化肥名称取名（A4）

市场上常常可以看到，有人在高价值化肥通用名称（或简称）旁边添加一些修饰词语，把低价值化肥搞成与高价值化肥相近的名称，极具误导性。

磷酸二氢钾是价值很高的化肥。一种标注微量元素叶面肥料执行标准（NY/T 17420-1998）的化肥，却取名为**"纯品 磷酸二氢钾"**（彩图 136）。

把含量较低的氮肥（多是普通的硫酸铵、氯化铵）取名为**"××尿素"**的做法十分常见。如一种标称为**"晶体尿素"**（彩图 20）的化肥，似乎告诉人们这是外形上呈晶体状的**"尿素"**。可实际上，此类**"晶体尿素"**的氮含量仅有 21％左右，不到合格品尿素的一半。此外还有**"多肽尿素"**（彩图 11）等也存在同样的问题（第二章"尿素"将作详细介绍）。

一种取名为**"多元 磷酸二铵"**，却是养分含量标注严重违规，且氮、磷含量明显不合格的化肥（彩图 110）。

明明白白是普通的复混肥料，却取名为**"××三铵"**，几乎成为一种性质恶劣的趋势（详见第二章有"磷酸三铵"专题介绍）。

### （五）妄称"有机××肥"（A5）

在化肥里添加一些有机物料，有人就把化肥名称自拟为**"有机××肥"**。

尿素里加点有机物料就标称为**"有机尿素"**（彩图 9）；

普通过磷酸钙里加点有机物料就标称为**"有机磷肥"**（彩图 29）；

普通钾肥里加点有机物料就标称为**"有机钾肥"**（彩图 39）；

磷酸二铵里加点有机物料就标称为"**有机二铵**"（彩图 96）。

在积极倡导无公害、绿色、有机农产品的今天，肥料名称标出带上"有机"字眼，具有明显的误导性。

### （六）用农作物"专用肥"替代通用名称（A6）

在农作物名称后面加上"专用肥""专用"字样，作为化肥名称用大号字标注在显眼位置，而没有标注化肥通用名称或将通用名称模糊化。如："**土豆专用肥**"（彩图 69）；"**玉米专用肥**"（彩图 86）；"**葵花专用肥**"（彩图 87）；"**瓜果专用肥**"（彩图 90）；"**玉米专用**"（彩图 154）等。

农作物专用肥是针对不同农作物对营养的需求，专门配制的氮、磷、钾齐全的一种复混（合）肥料，是复混（合）肥料系列的一种个例；而化肥通用名称复混（合）肥料则是对此类化肥内在化学结构形式（真实属性专用名称）的称谓。在这里一些制作者把两者简单地混为一谈。如果使用此类农作物"专用肥"名称，也只能在通用名称下方用小 1 号字体标出。

### （七）傍靠"洋名"（A7）

一些自拟的化肥名称标出含有外国国名、地域名的词汇，有的干脆用外文字母标注化肥名称。这些肥料大都是国内产品，有的甚至是劣质产品。

一种存在多种严重违规问题的化肥，肥料名称却标称为"**美国钾宝**"（彩图 42）。

一种桶装肥料标称为"**美国钾王**"，其实是标标准准的国内产品（彩图 44）。

本来是清清楚楚的国内产品，却标出带有明显国外地域特色称谓的"**欧美三安**"（彩图 51）。

包装标识内容全部或大部用外文（或汉语拼音字母）标注，极力造成进口化肥的假象（彩图 152、彩图 168、彩图 169、彩图 176、彩图 179）。

利用有人崇拜发达国家产品的心态，把国内化肥（一些甚至为劣质产品），违规傍靠"洋名"，常常可以获取超额利益。

### (八) 概念糊涂、不实、错谬的名称 (A8)

许多化肥违背化肥名称是"表明该产品真实属性的专用名称"这一基本原则,随意拟取自以为不同凡响的"名称",而这些称谓有的概念糊涂、表意不实,有的甚至明显错谬。此类化肥数量众多,常常存在多重违规问题,其中不少是养分含量很低的劣质产品。

肥料名称"**纳米黄金钾**"中,"黄金钾"属表意不实的夸大性词语,"纳米"是长度单位,把两者搭配在一起做肥料名称,明显概念错谬(彩图43)。

"**梦工厂 功能肥**",看起来是紧追时代潮流,但作为化肥名称,这样的称谓就很错谬(彩图72)。

标出的化肥名称为"**追丰**",是一个莫名其妙的称谓。似乎鼓吹只要追施此肥料就能获得大丰收(彩图88)。

标出化肥名称"有机氮肥 **哥巴德肥料**",有点离奇,似乎要傍靠洋名,而它的却是养分含量很低且夸大性宣传的劣质肥料(彩图166)。

只标出含氮、硫、有机质且含量很低,肥料名称标注为颇具文学色彩的"**克碱之星**"。"克碱"本身就是虚假不实之词,还标出许多夸大、不实的宣传内容(彩图167)。

现在还有另外一种更为严重的情形,就是一些化肥同时标出好几个疑似肥料名称,而这些名称也多概念糊涂、表意不实,甚至明显错谬。

某化肥用悬殊的大小字体标出"**黑金刚**""**脲氨酶**""**聚能双铵**"三个疑似化肥名称,却没有一个是合格的名称(彩图28)。

某化肥自拟了三个肥料名称:大号字"**土豆双效肥**"、小号字"**有机一无机生物肥**",最顶端还标出"**土豆抗病增产专用肥**"。三个名称全是不合格名称(彩图62)。

某化肥则更加奇特,同时标出四个疑似化肥名称:最上面标出"**巴士德**",紧挨着下面大号字体标出"**激活脉动**",中部一侧用小号字体标出"**含氨基酸氮肥**"(唯一接近化肥名称),下面另一侧用中号字体标出"**赛双铵钙8**"。此化肥却是批准手续缺失、养分含量标注严重违规、夸大性宣传突出的产品（彩图163）。

上面所列的违规名称中，许多标注执行企业标准。这是当前一个十分突出的严重问题（有关企业标准详细内容将在下一节（B5）中介绍）。

自拟违规名称的化肥数量众多，本书载出的问题包装标识图片中还有许多，读者可自行查找，以不断提高识别能力。

### 三、选购化肥提示

在选购化肥时，首先要仔细查看化肥包装标识是否有规范的化肥通用名称。

凡没有标注化肥通用名称，或采用农作物专用肥名、洋名，以及用不实、夸大、错谬、混淆性词语作"名称"来替代通用名称的化肥，用户都不能轻易购买。

那些标出了通用名称，但采用缩小、淡化、遮隐、移位等方法，故意使化肥通用名称模糊化，而把自拟的肥料名称放大标出的，虽属违规，但情况比较复杂，仅此一项常常难以定论。在选购时要结合下面介绍的其他各项内容进行综合分析、判断。

# 第二节　化肥执行标准（代码：B）

执行标准是本肥料内在质量等关键内容的规范和准则，是识别问题化肥的一个重要依据。如果说包装标识是化肥的身份证，那么执行标准就相当于身份证号。

## 一、化肥执行标准标注相关规定

### 1. 化肥产品必须标注执行标准

化肥产品都"应提交产品执行标准"，包装标识上"应标明肥料产品所执行的标准编号"《肥料标识　内容和要求》，"境内产品，应当标明企业所执行的国家标准、行业标准或经备案的企业标准的编号"《肥料登记资料要求》。这就是说，所有的化肥产品必须有执行标准，而且必须在包装上清清楚楚地标注其编号。

**2. 化肥执行标准分类**

目前的执行标准主要有国家标准（简称国标）、行业标准（简称行标）、地方标准（地方标准的化肥基本不见，这里不做介绍）、企业标准（简称企标）。

每一种执行标准都有固定的编排格式。国家标准、行业标准最前面是标准的冠头字母，其后面依次是本标准数字编号、横杠、发布年份。图示如下：

（1）国家标准的格式：

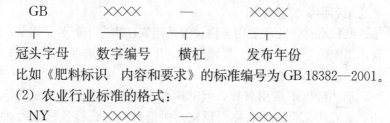

比如《肥料标识　内容和要求》的标准编号为 GB 18382—2001。

（2）农业行业标准的格式：

比如有机肥料的标准编号为 NY 525—2012。

（3）化工行业标准的格式：

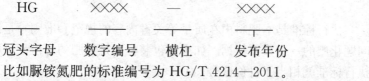

比如脲铵氮肥的标准编号为 HG/T 4214—2011。

（4）企业标准的格式。最前面是企标冠头字母 Q，其后依次是斜杠、发布企业名称简称字母缩写（企业代号）、标准顺序号、横杠、发布年份。企业标准有效期为 3 年。

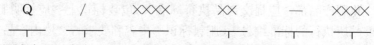

国家、行业执行标准分为强制性标准和推荐性标准。推荐性标

准在标准冠头字母后加斜杠再标注"T"。上面例列的脲铵氮肥行业标准为推荐性标准，其余是强制性标准。

**3. 化肥执行企业标准相关规定**

（1）已有国标或行标的化肥而执行企标。

①各项技术指标不得低于国标、行标。已有国家标准、行业标准的化肥产品，一般都应执行国家标准或行业标准。如果企业要执行企业标准，那么"企业标准中各项技术指标，原则上不得低于国家标准或行业标准的要求"（《肥料标识　内容和要求》）。比如，常用化肥的国标、行标中都规定了养分含量的最低标明值（即最低限量），企业绝不能通过执行企业标准的方法使之降低。

②"有国家或行业标准的肥料产品，如标明标准中未有规定的其他元素或添加物，应制定企业标准，该企业标准应包括添加元素或添加物的分析方法，并应同时标明国家标准（或行业标准）和企业标准"（《肥料标识　内容和要求》）。如名称为**"过磷酸钙"**的化肥，国标中没有规定标出"中量元素"总含量及"硫""钙"分含量，所以除了标注过磷酸钙国家标准外，还要标注企业标准（彩图198）。

（2）没有国标、行标的新型化肥。没有国标、行标的新型化肥，企业可以编制并发布企业标准。这里需要特别明确：必须是真正没有国标、行标的"新型化肥"，而不是实际上已有国标、行标标注企业标准的化肥。

①编制、发布企业标准的基本要求。编制的企业标准必须提供产品各项技术指标的详细分析方法，包括原理、试剂和材料、仪器设备、分析步骤、分析结果的表述、允许差等内容。分析方法引用相关国际标准、国家标准、行业标准，要注明引用标准号及具体引用条款。

编制企业标准的单位必须保证：第一，备案材料中所填写的内容、所附的资料均为真实。如有不实之处，本单位承担全部法律责任。第二，本企业标准符合国家相关法律法规、强制性标准及相关产业政策要求。第三，企业标准必须通过本单位组织的专家组的审核，各项技术指标符合国家法律、法规和强制性标准规定。已经专家审定，并按照规定程序由企业法人代表批准发布。第四，企业保证所生产的产品执行该标准。第五，发布单位对本企业标准的内容及实施后果负责。企业标准在所在地标准化行政主管部门备案。

②肥料登记手续。标注执行企业标准的化肥产品，许多是《肥料登记管理办法》中免登记名录里未列出的肥料品种，所以需要在农业部门办理肥料登记手续，取得登记证号后才能生产、销售。

**4. 化肥内部的不同内容可以执行不同标准，同一内容只能执行一个标准**

针对化肥内部的不同内容，可以标注执行不同标准。

"控释掺混肥料"（HG/T 4215—2011），是针对养分释放速度执行的标准，其他方面执行掺混肥料标准（GB 21633—2008）。合格包装标识如彩图 201。

"稳定性复合肥料"（GB/T 35113—2007），是针对稳定性指标执行的标准，其他方面执行复合肥料标准（GB/T 15063—2009）。合格包装标识如彩图 202。

同一化肥的质量技术指标（如养分含量）只能执行一个标准；如果标出两个不同的标准，则必然造成真实养分含量的严重错乱。

## 二、化肥执行标准常见违规标识介绍

国家对执行标准方面的规定十分清楚，但在现实中还是出现了各种各样的违规标注问题。大致可分为以下 5 种情况。

### （一）无执行标准（B1）

一些化肥包装标识上没有标注执行标准。这类不该发生的超低级错误，却在多类化肥中频频出现，足见问题的严重性。

氮肥如 **"多肽尿素"**（彩图 10）；钾肥如 **"美国红钾王"**（彩图 41）；复混肥料如 **"土豆专用肥"**（彩图 69）、**"A8 复合肥"**（彩图 73）；水溶肥料如 **"全元素水溶肥"**（彩图 152）；磷酸铵类肥料如

"生态二铵"（彩图 111）、"硝硫三铵"（彩图 120）；磷酸二氢钾如"磷钾动力"（彩图 134）；其他类别的化肥如"钵床肥"（彩图 160）、"功能肥"（彩图 162）。

一些化肥标出"控释肥"名称却未标注控释肥料执行标准。如："玉米专用　控释肥"（彩图 154）、"控释肥"（彩图 155）、"富士控释肥"（彩图 161）、"控释氮肥"（彩图 170）。

### （二）同一质量技术指标标注两个标准（B2）

一种化肥的质量技术指标（核心是养分含量）只能执行一个标准，可现在有的化肥却同时标出两个执行标准。

化肥名称标注为"复合肥料"，同时标出复混（合）肥料（GB 15063）和有机—无机复混肥料（GB 18877）两个执行标准；还别出心裁地把内部物料分成"无机养分"和"有机养分"两部分分别计量；其中，"无机养分≥54% $N+P_2O_5+K_2O$ 18-18-18""有机养分：氮≥16%、氨基酸≥20%、腐植酸*≥16%、有机质≥20%"。该肥料中的"无机养分"和"有机养分"各占多大比例却没有标注（彩图 159）。

名称为"控释肥"但没有标注控释肥标准、却同时标出了复混肥料（GB 15063）和有机—无机复混肥料（GB 18877）两个标准，内部物料同样分成"无机养分"和"有机养分"两部分标注（彩图 155）。

名称为"富士 控释肥 有机—无机复混复合肥"，未标注控释肥标准，也标出了复混肥料（GB 15063）和有机—无机复混肥料（GB 18877）两个标准，把养分含量分成"白粒成分"和"黑粒成分"两部分标注，同样没有标明"白粒"与"黑粒"各占多少比例（彩图 161）。

采用这样的方法违规标注养分含量，使人对养分含量无从判断，根本不能确定该肥料的养分含量到底是多少。

---

　* 腐植酸与腐殖酸是一样东西，长期存在两种表述方式，下同。

## （三）化肥名称与执行标准不符（B3）

一些化肥清清楚楚标注执行国家或行业标准，却没有标出与标准对应的通用名称，而标出一些其他称谓。如：

标注氯化铵执行标准（GB/T 2946—2008）的化肥，却标出**"赛尿素™长效大颗粒氮肥"**（彩图 12）、**"大颗粒氮肥"**一类名称（彩图 23）。

标注复混（合）肥料执行标准（GB 15063）的化肥，用大小不同字体标出**"撒得尔""新型高效冲施肥""新型微生物菌肥"**三个疑似化肥名称，却没有一个是与执行标准相对应的合格名称（彩图 56）。

标注执行复混（合）肥料标准（GB 15063）的化肥，名称却标注为**"硝酸磷钾"**（彩图 59）。

标注大量元素水溶肥料标准（NY 1107）的化肥，名称都标注为**"磷酸二氢钾"**（彩图 139）。

另一种情形是标出了有国家标准、行业标准的化肥通用名称，标注执行企业标准，却是质量不合格的产品。此问题归入 B5 作专题介绍。

违规标出与执行标准不符的名称，在各类化肥中并不罕见，其背后常常隐藏着质量问题。

## （四）执行标准错谬（B4）

### 1. 标出其他行业产品的执行标准

有的化肥不可思议地标出非化肥行业的执行标准。这种"张冠李戴"的做法常隐藏着严重的质量问题。

标称为"美国钾宝"的化肥，标出执行"GB/T 17025—2004"标准。经查，该标准是《电子设备用电位器》执行标准。该化肥存在多重严重违规标注问题，是养分含量很低劣质化肥（彩图 42）。

标称为产自"加拿大好美特（集团）作物保护有限公司""**98%纯品**"的"**磷酸二氢钾改进型**"，标注执行"GB/T 17402—1998"标准。经查，该标准是《**食用氢化油卫生标准**》（彩图 141）。

**2. 执行标准不符合规范格式**

有的化肥违反了执行标准标注的基本常识，标出的执行标准明显与规定的规范格式不符。

标称为"**磷硫三铵**"的肥料，标出的执行标准为"**Q/HSF 005 Ⅰ型**"。冠头字母是企业标准，后面却连发布年份都没有，明显不符合企业标准规范格式（彩图 130）。

一种标称为"**晶体尿素**"，执行标准标注为"**ZH01—2017**"，明显与国内目前各类肥料执行标准的冠头字母不符（彩图 19）。

据相关资料介绍，有的化肥标出的执行标准冠头字母是国标"GB"，后面标出的却是行业标准的数字编号。

### （五）执行企标化肥的突出问题（B5）

一些标注执行企业标准的化肥，违反编制企业标准的相关规定，在包装标识方面常存在许多问题。最突出的有以下两种。

**1. 有国标或行标而执行企标的化肥，养分含量不达标**

化肥不执行已有的国家标准或行业标准而执行企业标准，这是允许的，但质量技术指标（主要是养分含量）不得低于国家或行业标准规定的最低标明值。恰恰在关键的这一点上出现了严重问题。

标称为"**美国技术　中外合资**"执行企业标准的"**尿素**"，标出的氮含量≥18%，仅为合格品尿素氮含量最低限量的 40%（彩图 18）。

执行企业标准化肥名称标注为"**磷酸二铵**"，人为地把内部成分分成两部分，其中一部分标注为"**DAP 总养分**（$N+P_2O_5$）≥64%18-46-0"（DAP 是磷酸二铵的字母代号），与优等品磷酸二铵养分一模一样；另一部分标称为"**多肽颗粒富含 N. S. Zn. Fe. Mg**"，却没有标出含量数字；此外还标出"**比例：1∶1**"。我们只能揣测其意思是"DAP"与所谓"多肽颗粒"按 1∶1 比例相混合。可是因为"多肽颗粒"没有标出具体含量数字，所以混合后的含量是多少，无法得知；但有一点是肯定的：此化肥一定是氮、磷含量达不到磷酸二铵最低限量的劣质产品（彩图 92）。

标注名称为"**复合肥料**",执行企业标准,氮、磷、钾仅有16%,远低于复合肥料氮磷钾必须≥25%的最低标明值(彩图61)。

通过执行企业标准的手段,把有国标、行标的化肥随意降低养分含量,是极其严重的违规行为。此类化肥数量巨大、形式多样,极具误导性。

**2. 包装标识主要内容违规标注**

一些标注执行企业标准的化肥,除了上面已经介绍的随意拟取违规化肥名称的问题外,许多都违规标注养分含量、批准手续、宣传内容、厂名厂址等主要内容。包装标识主要内容违规标注的背后,常常隐藏着严重的质量问题。

氮肥的"**金尿素**"(彩图6),磷肥的"**生物酶活化磷肥**"(彩图31),钾肥的"**黄金钾**""**颗粒钾肥**""**强力二铵伴侣**""**补钾素**"(彩图38),其他类化肥如"**小麦千金旺**"(彩图66)、"**黄腐酸二铵**"(彩图94)、"**喷施旺 硼钼二氢钾改进型产品**"(彩图132)等。

这一情况至少说明,一些生产者并不清楚编制、发布企业标准的相关知识和化肥包装标识的基本要求。他们误以为生产化肥只要编制、发布一个企业标准,就可以随意标注包装标识全部内容,因此很有必要补上这一课。

## 三、选购化肥提示

所有的化肥产品,凡是没有标注执行标准的,标出非本化肥对应执行标准的,执行标准与肥料名称不符的,对同一质量技术指标标出两个执行标准的,一定是问题化肥,都不能购买。

有国家或行业标准而执行企业标准的化肥,只要其养分含量未达到本化肥国家或行业标准规定最低标明值的就不能购买。确实没有国家或行业标准而自拟名称、执行企业标准的化肥,情况比较复杂,要仔细察验包装标识全部内容,综合分析后再做出判断。

# 第三节 化肥商标（代码：C）

商标是经国家商标管理部门注册批准，用以区别商品和服务不同来源的商业性标志，由特定的文字、图形、字母、数字、三维标志、颜色组合或者上述要素的组合构成。肥料产品的商标与其他工业产品一样，已经注册的标"®"，未正在申请过程中的标"™"。

## 一、化肥商标标注相关规定

《中华人民共和国商标法》规定"容易使公众对商品的质量等特点或者产地产生误解的，不得作为商标使用""仅直接表示商品的质量、主要原料、功能、用途、重量、数量及其他特点的，不得作为商标注册"，同时明确规定设计的商标不得与其他知名商标相混淆。《中华人民共和国反不正当竞争法》对此也有类似规定。

《肥料标识 内容和要求》的"基本原则"里也清楚地规定了同样内容。总的要求就是某一种化肥的商标不得与其他肥料品牌特别是知名的肥料品牌相混淆；也不准利用商标进行不当宣传。

## 二、化肥商标常见违规标识介绍

目前的主要问题是，一些明显存在严重质量问题的化肥，却标注知名商标，或者用文字商标进行不当宣传。

### （一）标有知名商标的问题化肥（C1）

20世纪中后期我国曾大量进口美国嘉吉公司生产的一种商标文字为"嘉吉"的磷酸二铵。在当时本底缺磷的土壤上，该磷酸二铵表现出良好的增产效果，因而具有很高的知名度与影响力。近些年来美国的"美盛"牌磷酸二铵在我国销售，也有较大的影响力。

现在不少在商标中标出含有"嘉吉""美盛"文字和（或）近似图案、标称为"磷酸二铵"的化肥，仔细察看就会发现是养分违规标注、且含量严重不足的问题产品。

某种标称为"美国嘉吉国际化工控股集团"生产的"美国嘉吉"的"磷酸二铵",违规把养分分成两部分分别进行标注,为氮、磷含量明显低于磷酸二铵最低标明值的劣质产品(彩图91)。

标出"美亚嘉吉™"商标、标称由美国某公司与中国某公司"联合推出"的"多元磷酸二铵",养分含量多重严重违规标注,同样是含量明显低于磷酸二铵最低标明值的劣质产品(彩图110)。

一种标出"美国美盛™"商标,标称由"美国美盛国际化工集团有限公司"与中国某"生物科技肥业公司""联合推出"的"磷酸二铵",养分含量同样违规分成两部分分别标注,且含量明显严重不足(彩图106)。

此外,还有不少标出与"中国农资"商标相同或近似的化肥,却是化肥名称、批准手续、养分等方面明显违规标注的问题化肥。

上述化肥全部执行企业标准,其中许多是化肥通用名称名录里没有的化肥。按规定应办理肥料登记证,但都未标出登记证号。这些化肥包装标识内容多重违规,特别是养分含量存在弄虚作假或不达标的问题。

### (二)文字商标进行误导的问题化肥(C2)

一些化肥标出的文字商标,有的混淆产地名称,有的夸大肥料功效,有的混淆、傍靠高价值化肥,有的标榜内含特殊成分等。而这些化肥不少是明显的问题化肥,有的甚至是存在严重质量问题的产品。如:

某种用文字商标"美国红钾王™"违规替代化肥名称,标称"总部地址:美国内华达××××"的"美国哈佛农丰国际化肥科技公司","本产品符合国际肥料标准"的化肥;而实际上是一个连养分名称、养分含量都未正确标出的问题化肥(彩图41)。

用直接、间接夸大化肥功效的词语做成文字商标。

商标为"地下霸主™"的化肥,包装标识多重违规标注,其中养分含量明显虚假(彩图142)。

商标为"肥霸王™"的化肥,养分含量中没有一丁点儿"磷",总养分标出值仅为18%,肥料名称竟然标注为农作物"专用肥"（彩图 87、彩图 90）。

还有一些低价值的化肥，用贴近高价值化肥名称的词语作成文字商标，排在醒目位置，来混淆、仿靠高价值化肥名称，或标榜内含成分。

养分含量严重不足且存在其他多种问题的一种化肥，用文字商标"**生态二铵**™"作商标，并把它的字体放大、排在醒目位置（彩图 97）。

标出文字商标"**巨能二氢钾**™"，同样排在显眼位置，没有标出其他可以作为肥料名称的文字，标注执行微量元素叶面肥料的化肥，养分含量标注严重违规，明显是用低价值的叶面肥料来混淆、仿靠高价值的磷酸二氢钾（彩图 138）。

标注微量元素叶面肥料执行标准，却没有肥料通用名称，反而同时标出三个商标，其中字体最大的商标为"**9 元素**™"，在其下面标出的"**硼锌钼铁锰钙镁硫硅**"9 种元素，没有任何一种元素标明含量数字。这就等于用此商标来标榜内含成分丰富（彩图 180）。

### 三、选购化肥提示

无论化肥包装标识上标出什么知名商标，或商标所示的内容多么诱人，凡包装标识主要内容严重违规标注、特别是养分标注弄虚作假或养分含量达不到最低标明值的化肥，绝不能购买。

实践中以商标一项常常难以对化肥做出判断。用户在选购化肥时，应结合包装标识的全部内容综合分析。在没有真正搞清楚是否为合格品之前，最好不要急于购买。

## 第四节　化肥养分（代码：D）

近 200 年来，经过历代科学家深入、细致、严谨的科学研究，形成了"养分归还学说""最小养分率""报酬递减率""因子综合作用率"等一系列经典理论；逐步确定了植物生长必需的 16 种营养元素。按照作物对营养元素需求量的多少分为：大量元素碳、氢、氧、氮、磷、钾（碳、氢、氧不单独作为肥料和土壤调理剂营养成分标明）；中量元素钙、镁、硫；微量元素锌、硼、铁、锰、钼、铜、氯。此外还有一些对植物生长有益的元素或对某些植物有较大作用的元素。

肥料最基本的功能就是为植物提供这些营养成分（简称"养分"），肥料对于作物如同粮食对于人一样，所以被称作"农作物的粮食"，明白这一点十分重要，因为任何严重偏离这一基本定位原理的说辞，都是不可靠的。

化肥是化学肥料的简称，是以化学方法（有的也用物理方法）制成的含有农作物必需营养元素的肥料；具有成分较单纯、养分含量高、见效快、肥力强等特点。化肥的养分名称、化学形态、养分含量、标注格式、养分计量方式等内容，是识别、选购化肥必须了解的重要内容。

## 一、化肥养分标注相关规定

化肥养分具有极高的稳定性，一般不可以随便更改。化肥的养分必须严格按相关法规、执行标准标注。

### （一）养分名称

具体到某一种化肥含有哪种养分，养分是什么化学形态、含量是多少，是由其化学结构决定的。如尿素的分子结构 $[CO(NH_2)_2]$ 决定了含营养元素氮，磷酸二铵的分子结构 $[(NH_4)_2HPO_4]$ 决定了含氮、磷两种营养元素，磷酸二氢钾的分子结构 $(KH_2PO_4)$ 决定了含磷、钾两种营养元素。

化肥包装标识上必须按照其执行标准规定，标出所含养分的确切名称（用汉字或元素符号、分子式表示）。

各种化肥必须按其执行标准规定，该标注的养分名称必须标出，不准标注的养分名称不得标出。不能把执行标准以外其他成分的名称标出，更不能计入总量，否则就会造成虚假的养分含量数字，属于违规标注。

## （二）养分化学形态

这里有必要普及一点这方面的基本常识：各种化肥所含的养分都有自身固有的化学形态，而包装标识上标注时则要统一到规定的某种化学形态。比如，含钾化肥有氯化钾、硫酸钾、磷酸二氢钾、硝酸钾、硫酸钾镁等多种化学形态；而在包装上标注时，要统一标注为规定的"氧化钾（$K_2O$）"形态。

这就是说，化肥包装标识上标注的养分，都要把原来各种不同化学形态的养分，折算成规定的某种化学形态进行标注，这样才能直接、可比的准确计量养分含量。相关法规、标准规定：

大量元素氮、磷、钾按氮（N）、有效五氧化二磷（$P_2O_5$）、氧化钾（$K_2O$）形态标注（有效磷包括水溶性磷和弱酸溶性磷）。中量元素钙、镁、硫分别以钙（Ca）、镁（Mg）、硫（S）单质形态标注。微量元素锌、硼、铁、锰、铜、钼、氯分别以锌（Zn）、硼（B）、铁（Fe）、锰（Mn）、铜（Cu）、钼（Mo）、氯（Cl）单质形态标注。

标注化肥养分，所规定的化学形态不得自行改变。如果随意改变为其他化学形态进行标注，则必然造成养分含量的混乱，至少属于违规行为，有的甚至隐藏着质量问题。

## （三）养分含量标明值

化肥的养分含量是识别、选购化肥最核心的内容。

养分含量标明值要做到化学形态正确、标注格式合格、计量方式合规、数字清楚、容易辨识。养分含量标明值要与养分名称紧密对应。凡标出的养分含量数字模糊不清、难以辨识，或只标出养分名称没有含量数字，或只标出数字没有养分名称，都属于违规行为。

养分含量标明值分为"总养分"和单一元素养分。

①标出氮、磷、钾中两种以上养分的化肥，必须标明"总养分"含量，"总养分"专指氮、磷、钾（$N+P_2O_5+K_2O$）含量之和（且必须以"配合式"标注）。

②凡标出的单一元素养分名称的，就必须标明其含量。

③凡标出的"总养分"及单一营养元素名称，必须达到执行标准规定的最低标明值，否则不得标出。

化肥总养分及单一元素养分含量最低标明值，实际上就是本化肥必须达到的最低限量。这是一条不容突破的底线，也是我们判断化肥是否合格的核心内容之一。如果某化肥标出名称的养分含量连最低标明值都没有达到，就可实行"一票否决"，立即判定为不合格产品。

最常用化肥养分含量最低标明值简介于下：

**1. 复混肥料、复合肥料**（执行 GB/T 15063 标准）

氮（N）、磷（$P_2O_5$）、钾（$K_2O$）总养分≥25％，且必须标出其中两种以上成分的含量，标出的氮、磷、钾单一元素≥4％。

**2. 掺混肥料**

氮（N）、磷（$P_2O_5$）、钾（$K_2O$）总养分≥35％，且必须标出其中两种以上成分含量，标出的氮、磷、钾单一元素≥4％。

**3. 有机—无机复混肥料**

分为"Ⅰ型"和"Ⅱ型"。"Ⅰ型"氮（N）、磷（$P_2O_5$）、钾（$K_2O$）总养分≥15％，"Ⅱ型"氮（N）、磷（$P_2O_5$）、钾（$K_2O$）总养分≥25％。两种型剂中氮、磷、钾单一元素≥3％。

**4. 水溶肥料**

分为五大类，每一类又有型剂之分，分别有各自的执行标准（养分含量最低标明值见第二章）。

**5. 中量元素肥料**

以钙加镁（Ca＋Mg）的形式标明，同时还应标出单一钙（Ca）和镁（Mg）的标明值。硫（S）的标明值应按肥料登记要求执行。标出的单一中量元素最低标明值为≥2％。中量元素肥料若加入微量元素，可标明微量元素，应分别标明各单一微量元素的含量及总含量，且不得将微量元素含量与中量元素相加。

**6. 微量元素肥料**

以"Cu＋Fe＋Mn＋Zn＋B＋Mo"的形式标明，同时还应标明单一微量元素的标明值。标出的单一微量元素最低标明值为

$\geqslant 0.02\%$。微量元素"氯"比较特殊，它虽然是植物生长必需的营养元素，但通常情况下土壤中原有的氯就能够满足供应；如果再大量供应，则可能使一些对氯敏感的作物产生不良效果。因此一些化肥标准里对氯含量标注做了特别规定。化肥包装标识要按照相关要求标注。

### 7. 氮、磷、钾单一元素肥料加入中、微量元素

氮、磷、钾单一元素肥料中若加入中量元素、微量元素，应按中量元素、微量元素两种类型分别标明各单一养分含量及各自相应的总含量，不得将中量元素、微量元素含量与主要养分（氮磷钾）相加。

尿素的氮含量或总氮（N）$\geqslant 45\%$；硫酸铵的氮含量（N）$\geqslant 20.5\%$；氯化铵的氮含量（N）$\geqslant 24\%$；脲铵氮肥氮的含量（N）$\geqslant 26\%$，其中尿素态氮（酰胺态氮）$\geqslant 10\%$、铵态氮$\geqslant 4\%$；普通过磷酸钙的有效五氧化二磷（$P_2O_5$）$\geqslant 12\%$；氯化钾的氧化钾（$K_2O$）$\geqslant 54\%$；硫酸钾的氧化钾（$K_2O$）$\geqslant 45\%$；磷酸二铵的氮（N）$\geqslant 13\%$、磷（$P_2O_5$）$\geqslant 38\%$，氮磷含量$\geqslant 53\%$；农用磷酸二氢钾的磷（$P_2O_5$）$\geqslant 49\%$、钾$\geqslant 30.5\%$，磷酸二氢钾含量$\geqslant 94\%$。

### （四）标注格式

### 1. "总养分"格式

"总养分"专指氮、磷、钾（$N+P_2O_5+K_2O$）含量之和，必须用配合式标注。配合式有完整的固定的格式：氮、磷、钾由汉字（或元素符号、分子式）标明，总养分用阿拉伯数字加百分号表示，氮、磷、钾单一养分含量用阿拉伯数字（或阿拉伯数字加百分号）标注，按氮、磷、钾先后顺序、中间加短横线连接标出。如某复混肥料的配合式为："氮-磷-钾（或 $N$-$P_2O_5$-$K_2O$）总养分$\geqslant 45\%$ 12-18-15"。此配合式表明，该复混肥料总养分$\geqslant 45\%$，其中所含的氮$\geqslant 12\%$、磷$\geqslant 18\%$、钾$\geqslant 15\%$。总养分标明值等于配合式中单一养分标明值之和。

复混（合）肥料标准规定：氮、磷、钾单一养分含量必须分别标出，哪怕化肥中不含其中某一元素，也要标注"0"。如配合式：

"氮-磷-钾（或 $N\text{-}P_2O_5\text{-}K_2O$）总养分≥35%　20-0-15"，表示本复混（合）肥料里没有含磷。

氮、磷、钾以外的其他物料成分（哪怕是营养元素），一律不得在配合式中标出，更不能计入总养分。

配合式格式不可随意改变其中任何一项内容。比如只标出氮、磷、钾名称没有对应的含量数字；只标出含量数字没有对应的氮、磷、钾名称；总养分和分含量没有同时标出，或缺少其中某项；总养分含量数与分养分含量数不符等情况都属于违规。

**2. 养分含量位置、字迹标注要求**

化肥养分含量数据通常标注在肥料名称下方，用显眼的字体清清楚楚地标出。总的要求是使人能够迅速、直接地看清楚养分的真实含量，而不得把养分含量标注在不容易找到的地方，或故意使其模糊化。

**（五）计量方式**

法规、标准规定：固体化肥的养分含量以质量百分数计量，液体化肥的养分含量以克/升（g/L）计量。

化肥养分含量有了统一的计量方式，才能准确地计量，并具有直接可比性。如果采用其他计量方式来计量养分，或把化肥内部物料分成两部分分别计量，或重复计量养分等，就必然因养分含量数字混乱而难以判断。这些做法至少属于违规行为，有的甚至存在质量问题。

## 二、化肥养分常见违规标识介绍

所有的问题化肥几乎都会在养分名称、养分形态、养分含量、标注格式、计量方式等方面"做手脚"，其方法多种多样。因此，识别化肥包装标识时要特别注意这方面的问题。

**（一）养分名称缺失、错误（D1）**

**1. 养分名称缺失**　有的化肥整个包装标识既找不到养分名称（汉字、元素符号或分子式），也没有养分含量数字。这些本不应该犯的低级错误却屡屡出现。

商标为"**多酶三安™**"、名称为"**复混肥料 防渗免耕功能肥**",却未标出氮、磷、钾名称与含量(彩图125)。

标注为"**高钙钾宝**"、执行企业标准的化肥,整个包装标识充满了夸大式宣传内容,但是在包装标识未标注养分名称及含量(彩图158)。

标称为"**纳米黄金钾**"的化肥,未标注养分名称、养分含量方面的任何内容(彩图43)。

**2. 养分名称错误** 一些化肥标出了错误的养分名称。有的元素名称甚至不可思议地出现错别字。

标称为"**多元磷酸二铵**",标出元素钴("**Co ≥ 20%**")(彩图110)。

执行脲铵氮肥标准、名称为"**黄腐酸钾氮肥**",标出并不是植物营养元素镓("**Ga**")。根据它与镁、硫排列在一起,笔者大胆猜想,原创者或许要标出的是 Ca(钙),而误写为"Ga"(彩图26)。

标称为"**美国××公司**"生产的"**氨基酸有机生物发酵肥 腐植酸二铵**",竟然把营养元素"**锰**"写成"**猛**"(彩图171)。

标称为"**晶体尿素**"的肥料,汉字标出含"**钼**",对应的元素符号却写成"**Mn**"(锰的元素符号)(彩图17)。

我们当然无从知道这些超低级错误出现的确切原因,但至少可以说明制作者或者缺乏最起码的化肥基础知识,或者工作态度极不负责。当然也极有可能是"黑作坊"的"作品"。

**(二)改变养分化学形态标注(D2)**

有的化肥随意改变养分规定的化学形态进行标注。此类问题比较多见,形式多种多样。

**1. 氮、磷、钾化学形态违规标注**

如上所述,氮、磷、钾一律按氮(N)、有效五氧化二磷($P_2O_5$)、氧化钾($K_2O$)的形态标注,但现在违规标注现象却常有发生。

(1)氮、磷标注为"有机"等形态。一些化肥把"氮"标注为

"有机氮";把"有效磷（$P_2O_5$）"标注为"有机磷""全磷"。

用大号字标出的化肥名称为"施尔沃　多养三安"，用小号字标出的化肥名称为"DUOYANGSANAN　有机—无机复混肥料"，养分含量标出含"有机氮≥16％"（彩图89）。

标出违规名称"小麦千斤旺"的化肥，标出"有机磷≥12％"（彩图66）。

标称为"生物酶活化磷肥　新型矿物肥料"，标出"全磷（$P_2O_5$）≥16％"（彩图31）。

作物吸收养分的基本理论告诉我们，有机态氮、有机态磷中的氮、磷含量很低，且不能被作物直接吸收。有机态磷通常连肥料都不能做。"全磷"中除了有效磷之外，还有不能被作物吸收的强酸溶性磷。违规标出这些形态的养分，明显违背了作物吸收养分基本原理，并虚假扩大了养分含量数字。

（2）不按氧化钾（$K_2O$）形态标注钾含量。

标称为"螯合三铵"标出"HAK"（彩图124），标称为"有机钾肥"标出"黄腐酸钾"（彩图39），标称为"晶体尿素"标出"聚酶螯合钾"（彩图20），还有一些化肥违规标出"聚肽螯合钾"（彩图13、彩图63、彩图100）。

标出这些形态的钾，仅从在数字上看含量不低，但如果按规定折算成氧化钾后其真实含量很低，许多连标准规定的最低标明值都达不到，极具误导性。

（3）磷、钾氧化物以单质标注。我们常见到的做法，都是想办法把养分含量低的标注成养分含量高的。现在却出现了一种并不少见的例外。此类化肥把"$P_2O_5$""$K_2O$"匪夷所思地标注为"P""K"。

名称为"多元磷酸二铵"标出"P≥21％"（彩图110）；名称为"追丰"标出"N：P：K＝16：2：2"（彩图88）；名称为"玉米专用"标出"K≥10％"（彩图154）。

稍微懂一点化学知识的人都知道，单质磷、钾（P、K）与其氧化物（$P_2O_5$、$K_2O$）相比，数字上会明显变低。那么这些制作者为什么会故意降低养分含量数字呢？经仔细察看，并综合各方面的内容分析后才发现，原来是因为不懂的"$P_2O_5$、$K_2O$"与"$P$、$K$"的含义与区别，简单地把两者相等同，因而犯下了这个超低级错误。此类化肥极可能是所谓"黑作坊"的产品。

**2. 中、微量元素化学形态违规标注**

国家标准规定中微量元素必须以单质形态标注。现在所见的违规标注主要有两种情况。

（1）以氧化物或盐类形态标注。如上所述，一种元素的氧化物在数字上一定会比单质高。现在一些化肥故意违反规定不标注单质元素含量，而标注为氧化物含量。这样就会在养分含量数字上凭空抬高许多。

标注执行复混肥料标准的所谓"**硝酸磷钾**"，莫名其妙地违规标出"**$CaO \geqslant 5\%$**"。复混肥料标出"Ca"已属违规，再标注为"CaO"则是错上加错（彩图 59）。

标称为"**梦工厂 功能肥**"，标出"$CaO + MgO \geqslant 1.0\%$"，既违规标注氧化物，又违规合计在一起（即使这样也没有达到单一中量元素最低限量 $\geqslant 2.0\%$ 的要求）（彩图 72）。

标注执行掺混肥料标准的所谓"**花生千斤增产宝**"，违规标出"**氧化钙 $\geqslant 40\%$**"（彩图 79）。

标称为"**硫磷二铵**™土壤调理剂"，执行企业标准、无登记证号，标出"总成分 $\geqslant 64\%$ $N \geqslant 10\%$ $S \geqslant 18\%$ $MgSO_4 \cdot 7H_2O \geqslant 30\%$ 微量元素 $\geqslant 6\%$"已属违规，又把"镁"标注为七水硫酸镁"$MgSO_4 \cdot 7H_2O$"，并计入总量，拼凑成与一等品磷酸二铵总养分相同的数字（彩图 187）。

（2）以"**螯合态**"标注。标准规定化肥所含的中、微量元素必须标明单一单质元素含量。如果是"螯合态"，要在标明单一元素含量数字的旁边注明"螯合剂名称＋中微量元素名称"。可是，现在一些化肥只标出"螯合态"微量元素含量数字，而没有其单质元素含量。下面这几种化肥就是直接标出"**螯合锌**"数字，而没有标明单质锌含量数字：

标注为"**聚肽螯合钾　富锌硼尿素**"（彩图 13）；"**聚肽螯合钾富锌硼　复合肥料**"（彩图 63）；"**磷酸二铵　聚肽螯合钾 富锌硼**"（彩图 100）等。

一些水溶肥料用"EDTA 螯合态"标注养分。化学基本常识告诉我们，"EDTA"为大分子有机酸，其螯合态中的金属元素含量非常少。这些只标注"螯合态"含量、不标出单质元素含量的做法，用户就无法判断其含量是否达到最低标明值。

标注为"**粒上皇**™"的肥料（彩图 144）；标注为"**多酶海藻酸钾**"的肥料（彩图 145）；标注为"**果使佳**™"的肥料（彩图 146）；标注为"**土豪金**™"的肥料（彩图 149）。

### （三）养分含量达不到最低标明值（D3）

养分含量是化肥最核心的要素。一些化肥常常采用各种各样的方法，虚高"养分"含量数字，而真实的养分含量很低，有的连标准规定的最低标明值都没有达到。这种情况在各类化肥中普遍存在，至少属于极其严重的违规行为。

**1. 氮磷钾含量达不到最低标明值**

标出执行复混（合）肥料标准，标称为"**氨基酸铵**"的化肥，氮磷钾仅为"**16-0-2**"（彩图 57）。标称为"**复合肥料**"执行企业标准的化肥，氮磷钾仅为 16％（彩图 61）。标注执行掺混肥料标准的所谓"**花生千斤增产宝**"，竟没有标出氮磷钾含量（彩图 79）。

**2. 标出养分名称而无含量数字**

有些化肥包装标识上只标出了营养元素汉字名称（或元素符号），却没有标出养分含量数字。这一点在中微量元素方面最为突出。

名称为"**黑金　复混肥料**"只标出"**内含锌硼中微量元素**"（标注为"中微量元素"存在概念混乱！）字样，未标出锌、硼单一元素含量数字（彩图 67）。

名称为"**A8 复合肥**"标出"**内含 8 种元素　氮磷钾锌硼钙镁铁**"，但是后 5 种元素都没有标出含量数字（彩图 73）。

标注微量元素叶面肥料执行标准，其中一个商标是"**9 元**

素™"的化肥，标出含有"**硼锌钼铁锰钙镁硫硅**"9种元素，既没有合计总量，也没有单一元素含量数字（彩图180）。

**3. 标出总含量而无单一元素含量**

目前一些化肥只标注总含量合计数字，却未标注单一元素养分含量数字。这种做法同样无法确定各单一元素是否达到最低标明值，因而也是违规的。

名称为所谓"**黑金刚**"、执行脲铵氮肥标准的肥料，未标注任何单一元素含量，反而违规标注为"**锌＋锰＋硼≥0.02％**"。这三种元素加在一起的总量，才达到一种单一元素最低标明值（彩图28）。

无肥料通用名称，而以"**多肽·长效·缓释**"替代肥料名称，标注执行企业标准的化肥，标出"**中微量元素≥10％**"及"**Mg＋B加镁加硼**"字样，没有标注任何单一元素含量（彩图71）。

标称为"**多元磷酸二铵**"，标出了"**微量元素≥30％**"，既没有标出任何单一微量元素的名称，也没有标出含量（彩图110）。

氮磷钾含量达不到最低标明值，标出营养元素名称而未标注其含量，标出总含量而无单一元素养分含量，在各类化肥中屡见不鲜。读者可以从本书的其他违规标注图片中大量找到。这种做法公开违反了执行标准关于营养元素只有达到最低标明值才能标出之规定，具有明显的误导性。

**（四）"偷梁换柱"改变"总养分"等称谓（D4）**

一些化肥把专指氮磷钾含量的"**总养分**"、氮肥的"**总氮**"等称谓，采用"偷梁换柱"的方法，改变成似是而非的其他称谓，明显混淆了其基本概念。这种做法目前似乎又成为"时髦"的倾向，各式各样离奇的称谓还在不断翻新。

改称为"**总含量**"（彩图66）；"**本品含量**"（彩图41）；"**总成分**"（彩图83）；"**总指标值**"（彩图20）等。

称为"**提高利用率**"（彩图12），"**提高养分**"（彩图110），"**铵态氮/总氮**"（彩图14）等。

"总含量"等前四种称谓随意扩大"总养分"的内涵，已属错谬；后面的"提高利用率""提高养分""铵态氮/总氮"三种称谓则更加错谬。所谓"提高利用率""提高养分"只是强调了"提高",而"提高"就要有个原来的基础数字,这里却未予说明,那么真实的"总氮"含量就成了一笔无依无靠的"悬空账"。"铵态氮/总氮"所表示的仅是铵态氮与总氮之间的比例关系,而总养分氮含量到底是多少从这里无从知晓。

如此把"总养分""总氮"等改变成其他称谓,就会把养分的范围无限扩大,从而堂而皇之地把氮磷钾以外的物料塞进来,虚假抬高养分含量数字,具有明显的误导性。

### (五)标出本化肥不应含有的营养元素(D5)

化肥基本常识告诉我们:化肥中含有何种养分,是由其化学结构决定的,一般不可随便更改。化肥的执行标准对所含何种养分都做了明确的界定。但是,现在把本化肥不应含有的营养元素违规标出,在各类化肥产品中频频出现。

标注执行氯化铵标准、称为"**赛尿素**™长效大颗粒氮肥",标出含"**Ca≥16%**"(彩图12)。

标称为"**加拿大钾肥(中国)有限公司**"的"**氯化钾** 多元素钾肥",氧化钾($K_2O$)标明值仅为22%,但莫名其妙地标出"**氯化钠钾≥60%**"和"**S+MgO+Na≥8%**"(彩图33)。

标称为"**晶体尿素**"的化肥,几乎都标出含"**硫**"。只是数量上小有区别,有的标出含"**硫≥24%**"(彩图17、彩图19、彩图20),有的标出含"**硫≥25.0%**"(彩图185)。

标注执行磷酸二铵标准,标称为"**磷酸二铵**"的化肥里居然标出含"**$K_2O$:2%**"(彩图103)。

违规标出本化肥不应含有的营养元素,情况非常普遍,其结果无疑会造成养分含量虚高的假象,明显具有误导性。

### (六)标出营养元素以外的物料(D6)

上述(D5)标出其他营养元素虽属违规,但毕竟标出物还是营养元素。从这一点上说还不算太离谱。然而,现在有人已不再满足于此,随意标出营养元素以外其他物料的现象比比皆是。这些物料,有的是不能被作物直接吸收利用的,有的是跨越肥料品种界限别的肥料才会含有的，有的是与植物营养不沾边的，有的则纯属胡编乱造。

**1. "尿素""钾肥""二铵"**

一种标称为"**多肽尿素**"的肥料，标出含"**生命肽**≥6% 原能肽≥6% 植物黄金肽≥6% 缓控释长效剂适量"（彩图 10）。

另一种也标称为"**多肽尿素**"的肥料，标出含"**双生化螯合十多肽蛋白酶**"（彩图 11）。

标称为"**赛尿素**™**长效大颗粒氮肥**"，标出含"**聚天门冬氨酸**≥3‰ DA-6≥10‰"（彩图 12）。

一种标称为"**美国独资**"的"**钾肥**"，标出"**水溶物**≥50%"来混淆养分含量（此化肥标出的 $K_2O$ 仅为 20%，为劣质产品）（彩图 35）。

标注执行企业标准，标称为"**多元素 磷酸二铵**"的化肥，违规标出"$NaSO_4$"（彩图 105）。

标称为"**生态二铵**™"（彩图 97）、"**硫磷酸铵**™"（彩图 98）、"**硫磷二铵**™"（彩图 112）三种名称不同的化肥，包装标识多重违规，却不约而同地标出"**生根剂 催腐剂 蚯蚓酶**"。

**2. 复混（合）肥料**

复混肥料、复合肥料执行标准（GB 15063）明确规定，不准标出氮磷钾以外的其他任何成分，但是现在随意违规标注各色各样物料的现象十分普遍。

标称为"**美国邦威农化有限公司**"生产的"**撒得尔** 新型高效冲施肥"，竟然没有标注氮磷钾及配合式，反而标出"**黄腐酸钾**≥33% 黄腐酸铵≥8% 有机物质≥30% 氨基酸钙≥10% 甲壳素≥15% 活性菌 3 亿/克"（彩图 56）。

标称为"**氨基酸铵**"的肥料，氮磷钾总量仅为 18%（16-0-2），氮磷钾总养分及单一元素钾含量都低于最低标明值；却违规标出"**解钾因子**≥17% 解磷因子≥17% 氨基酸≥10% 有机质≥20% 腐植酸≥10%"（彩图 57）。

标称为"**复合肥料**"，别出心裁地标出"添加了美国陶氏益农

**伴能®肥料增效剂"**（彩图64）。

用**"双酶胞脲"**混淆复混肥料名称的化肥，标出含有**"矿物质肥料增效剂≥40％"**（彩图70）。

标称为**"活力素型·复合肥料"**，标出含有**"活力素≥6％"**（彩图74）。

肥料名称违规标注为**"花生千斤增产宝"**、执行掺混肥料标准（GB21633）的化肥，没有一丁点氮、磷、钾，却标出**"氧化钙≥40％　土壤改良剂≥6％　活性钙物质≥8％　氧化锌≥0.2％　微量元素≥15％　抗重茬剂≥3％　生根剂≥2％　花生丰产素≥5％"**（彩图79）。

标称为**"菌酶三铵　复合肥料"**，标出**"内含菌核动力、蚯蚓酶、枯草芽孢杆菌、硝化抑制剂、黄腐酸钾"**（彩图119）。

商标为**"多酶三安™"**、名称为**"复混肥料　防渗免耕功能肥"**，未标出氮、磷、钾名称与含量，反而标出**"生根剂、长效缓释剂、DA-6、锌、硼、镁、秸秆腐熟剂、络合肽"**等物料（彩图125）。

**3. 缓释、控释肥料**

为了夸大缓释、控释功效，有的缓控释肥料标出一些虚幻的物料，多是目前科技尚未达到的**"智能"**化控释物料名称及概念糊涂的其他成分。

标称为**"美国史得力国际化学工业集团"**生产的**"控释肥"**，标出**"内含智能控释因子"**（彩图155）。

标称为**"玉米专用　控释肥"**，标出**"智能肽≥5％　智能硼≥5％　智能锌≥3％　抗重茬抗病因子≥0.2亿/克　解磷解钾因子≥0.2亿/克"**（彩图154）。

化肥违规标出营养元素以外的其他物料，一方面容易使人误以为真是"特别添加"了特殊物料成分的"高科技"产品，另一方面在数据上给人以养分含量高的错觉；如果再凑合成与常见的正品高养分化肥相同的数字，就更容易误导用户。

### （七）格式违规（D7）

在养分含量格式的标注方面，主要有配合式违规标注与采用非传统格式标注两类问题。

**1. 配合式违规标注**

配合式是专门标注氮磷钾的固定格式，现在有人肆意违反这一规定进行标注。最突出的是把氧化钾改换成其他成分，其次是违规把氮磷钾以外的成分标注在配合式中，还有的是违规改变配合式固定格式规定要件进行标注。

（1）把氧化钾（$K_2O$）改换为其他称谓。把配合式（$N+P_2O_5+K_2O$）中的氧化钾（$K_2O$）违规改变成其他称谓的现象比较常见。

"氮＋磷＋**HAK**　18-18-18"（彩图 114）

"18-18-18　$N+P_2O_5+$**黄腐酸钾**"（彩图 116）

"N30％-$P_2O_5$ 0％-**氨基酸钾 8％**"（彩图 157）

"20-20-20　$N+P_2O_5+$**KOM**"（彩图 128）

"N≥19％　$P_2O_5$≥19％　**S・HK**≥19％"（彩图 123）

"N18　$P_2O_5$18　**S-ca18**"（彩图 130）

"N　$P_2O_5$　**BSFA**　19-19-19"（彩图 129）

"$N$-$P_2O_5$-**HAK$_2$O**　16-16-16"（彩图 55）

"19-19-19　$N$-$P_2O_5$-**SCM**"（彩图 104）

"$N$-$P_2O_5$-**SE**　18-18-18"（彩图 183）

"18-18-18　$N$-$P_2O_5$-**KFA**"（彩图 186）

腐殖酸钾、黄腐酸钾、氨基酸钾里面氧化钾含量很低，把这些成分在配合式中标出，明显混淆并虚假抬高了氧化钾（$K_2O$）含量数字。标出的其余字母组合，旁边没有文字对应说明，使人连标出物是什么成分都搞不清楚，当然不能认定为氧化钾含量。用这种方法进行标注，同样会在数字上显著虚高了养分含量。这种做法极具误导性，是严重的违规行为。

（2）配合式内标出不准标注的其他物料。标称为"**美国嘉吉磷铵国际进出口集团有限公司**"的"**复合肥料**"，其配合式里却标注为"氮磷钾　**有机质　氨基酸　16-16-16**",居然把有机质、氨基酸都排入配合式,并与含量数字对应,而标出的氮、磷、钾仅有16%(彩图61)。

前面已例列的标出四个疑似化肥名称其中一个为"**激活脉动**"的化肥,配合式标注为:"**N-S-HAK　23-16-10**",违规把"**S**""**HAK**"标入,很容易把一个标出值仅 23%的氮肥,误导成养分含量为 49%的高养分化肥(彩图 163)。

肥料名称违规标称为"**金铵 60**",其配合式违规标注为"20-20-20(氮　黄腐酸磷　黄腐酸钾)",用"黄腐酸磷　黄腐酸钾"替代磷($P_2O_5$)、钾($K_2O$),把一个标出值仅为 20%氮的化肥,"包装"成养分含量极高(≥60%)的化肥(彩图 164)。

标出"**美国 PRELUDE 投资有限公司**"和国内某肥业公司企业名称,肥料名称为"**生态肥**"。该化肥在配合式里标出"氮≥16%　解磷因子≥16%　解钾因子≥16%",把氮、磷、钾三个字字体搞到同等大小,而匠心独具地把用来修饰氮、磷、钾的"解""因子"的字体显著缩小,从而把并不含磷、钾的"解磷因子""解钾因子"误导成"磷""钾"养分(彩图 173)。

(3)改变配合式固定格式要件标注。配合式是一个完整的固定格式,其组成要件绝不能残缺或改变。现在一些化肥随意改变这些固定格式,在养分名称、含量数字及标注位置方面存在不少问题。

名称标注为"**求实钾宝**"(彩图 68)、执行企业标准的化肥,标出了"**10-0-46**"数字组合,旁边却没有对应的养分名称汉字或元素符号(分子式)。

某种用文字商标"**硝硫三铵™**"(彩图 120)代替肥料名称的化肥,和一种化肥名称标注为"**三铵　复混肥料**"(彩图 190)的化肥,都标注执行复混肥料标准,只标出"$_{NO.}$**18-18-18**"这样一组数字,却没有标出对应的养分名称。

标注执行硫酸铵标准、名称为"**稀土硫酸铵锌**"肥料,在一端标出了配合式数字式"**21-6-24**",旁边没有对应的养分名称。在远离该数字另一端的一个小方格子内标出"谨防假冒 N-Zn-S"。假如这就是要标出的养分名称，那么就是故意玩"捉迷藏"，从而把"Zn 、S"违规标注在配合式（彩图 21）。

一种标称**"原产地 以色列"**、标出国内某公司名称的肥料，只有数字式**"18-3-26"**，主要内容全部用外文标注，使人连肥料名称、养分名称、养分形态都搞不清楚（彩图 176）。

**2. 采用非传统格式标注养分**

化肥养分含量通常要十分清楚地标注在肥料名称下方，但一些化肥随意改变养分含量传统标注方法，有的标注在难以迅速找到或看清楚的地方，似乎故意不想让人搞清楚养分含量。

标出**"美国世多乐集团公司"**名称、商标为**"脉素特®"**、无化肥名称的一种肥料，标出一个大圆环，在圆环周边画出许多格子。格子里面填写了养分名称与含量。用这样的方法标注养分，让人难以迅速找到养分含量的准确数字（彩图 165）。

标称为**"嘉吉大地 多元素二铵"**，标出一个类似地球经纬度线的椭圆形图案，把元素符号及许多其他称谓、数字指标、宣传语等统统塞入其中，使人难以辨清养分的名称、形态、含量以及对应的数字关系（彩图 108）。

**（八）计量违规（D8）**

养分含量计量违规也十分突出。有的擅自改变计量方式，有的把内部物料分成两部分以后分别进行计量，有的则对内含成分重复进行计量。

**1. 改变固体化肥计量方式**

法规、标准都十分明确地规定：固体化肥养分含量要以质量百分数计量。可在现实中许多固体化肥随意改变规定，而采用其他方式计量养分。

（1）用小数计量。化肥违规用小数计量养分的现象主要在问题尿素上。此类"尿素"在包装标识上大致用这种形式标注：

上面一行标出"含 $N\text{-}Zn. Mg. SO_3 \geqslant 46.3\%$"

下面一行标出"（$N\text{-}Zn. Mg. SO_3$）（0.25～0.213）"（彩图 11）

如若仅从上面一行来看，标出的"46.3%"，与常见的正品尿素氮含量一模一样（旧标准）；如果仔细查看就会发现，这个"46.3‰"并不全是氮含量，而是"N-Zn. Mg. SO₃"的含量。标出的这个"Zn. Mg. SO₃"是什么确切的物料，只有制作者自己知道。

下面一行标出的"（N-Zn. Mg. SO₃）（0.25～0.213）"，前后两个括弧含义是什么，我们只能常规去揣测：两个括弧大约要表达一个对应关系。如果这种理解正确的话，那么"N"就对应"0.25""Zn. Mg. SO₃"对应"0.213"；再把标出的小数换算成百分数，氮含量就是25％，仅为正品尿素的一半多一点。这就是通过用小数标注养分含量的方法，要把一个氮含量只有25％的化肥包装成氮含量"46.3％的优等品尿素"。

违规用小数计量的"尿素"，目前呈进一步发展的势头。只是括弧内的字母在不断变化，但最后凑合成"46.3‰"的数据则是完全相同的（第二章"尿素"一节将做详细介绍）。

（2）用千分数、毫克/克（mg/g）计量。同样的养分含量，用千分数、毫克/克（mg/g）计量比百分数计量在数字上一下子扩大十倍，这是小学生都懂的算数常识。在现实中这样标注养分含量的现象也不鲜见。

标注执行脲铵氮肥标准、标称为"**螯合双铵**"的化肥，标出"**Zn≥4‰**"（彩图25）。

标称为"**赛尿素™长效大颗粒氮肥**"的化肥，标注："**聚天门冬氨酸≥3‰ DA-6≥10‰**"。标出此类物料已属违规，还要采用千分法标注更是错上加错（彩图12）。

标称为"**金尿素**"的化肥，标出"**化肥增效剂≥6‰ 防晒因子≥5‰**"。标出"化肥增效剂""防晒因子"两种物料已属荒谬，再用千分法标注就更离谱了（彩图6）。

标注执行掺混肥料标准、标称为"**农友福®多元素配方肥（掺混肥料）**"，用大号字体标出"**总成份（'份'是错别字，正确是'分'）≥50％**"，下面标出一个括弧，括弧内的内容分上下两层标注，标出"**氮 磷 钾**"，对应"**≥20mg/g ≥15mg/g ≥15mg/g**"。这应该也算一种"原创"（彩图 83）。

（3）用毫克/千克"mg/kg"计量。近年来"发明"的一种新的计量方法，就是用"mg/kg"来标注养分含量。目前在尿素、磷酸二铵、复合肥料、掺混肥料都已出现。

标称为"**聚肽螯合钾　富锌硼尿素**"（彩图 13），为"**磷酸二铵　聚肽螯合钾　富锌硼**"（彩图100），为"**聚肽螯合钾　富锌硼复合肥料**"（彩图 63），为"**聚肽螯合钾富锌硼　掺混肥料**"（彩图 175）。这几种化肥全部标注含有"**聚肽螯合钾≥1 000mg/kg　螯合锌≥1 400mg/kg　有机硼 1 300mg/kg**"。

我们知道，钾必须以氧化钾标注，锌、硼必须以单质标注。这里标出的"聚肽螯合钾""螯合锌""有机硼"已属化学形态违规；再以"mg/kg"进行标注，则属于计量方式违规。

特别需要提醒的是，这些包装标识上只标注字母"mg/kg"，并不标注汉字"毫克/千克"。一些不清楚"mg/kg"是以百万分之几计量的人，可能以为这些数字上论"千"的化肥，养分含量可能很高；其实"mg/kg"计量比规定的百分数计量数字上整整扩大了10 000 倍！如上述一袋子 40 千克重的化肥，折算下来里面仅有"聚肽螯合钾"40 克、"有机硼"52 克、"螯合锌"56 克，含量已经少得可怜；如果再按强制性国家标准规定分别折算成氧化钾和单质硼、锌的话，其含量数字则更是少得可怜又可怜，远远达不到规定的最低限量标明值（钾含量不达标问题彩图 63、彩图 175除外）。

（4）直接用重量来计量。另一种违规计量方式，是直接标出肥料里所含物料的重量数，而不是质量百分数。

标注执行企业标准、名称标注为"**控释氮肥**"，标出"**内含（提高 30％～50％肥效的碳酶增效剂 3 000 克）　内含（土壤调解剂母料 500 克）**"（该肥料 40 千克/袋）。这里标出的物料"提高30％～50％肥效的碳酶增效剂""土壤调解剂母料"，尚存概念糊涂、夸大性宣传之嫌，而直接以所含物料重量数计量，则同样属于计量方式违规（彩图 170）。

### 2. 内部物料分别计量

一些化肥把内部物料人为分成两部分分别计量，常见有两种形式：一种是前面"标准"所介绍的同一化肥执行两个不同的标准，分别标注两种养分含量，这里不再重复（B2）。另一种形式是执行企业标准的化肥，把内部物料人为地分成两部分，然后分别标注其养分含量。如：

标注执行企业标准、标称为**"有机尿素"**的化肥，把内部物料分成两部分。一部分是**"无机粒 N≥46.3％"**，另一部分是**"有机粒 N≥16％　有机质≥15％"**。一种肥料不可思议同时出来两个含量！到底"无机粒"和"有机粒"分别是多少，外人无法搞清楚。只能根据后面标出的"1∶1"揣测，可能这是两种物料按 1∶1 比例混合起来的产品。如果这种理解正确，照此计算出的氮含量只有 31.15％，比合格品尿素低了 15 个百分点。实际拆开包装袋察看，原来这种所谓"有机尿素"就是把常见尿素与某味精厂含有机物的下脚料颗粒掺混起来，摇身一变就成新产品——"有机尿素"（彩图 9）。

标注执行企业标准、商标为**"美国嘉吉"**、厂名**"美国嘉吉国际化工控股集团"**、地址**"加利福尼亚州洛杉矶市××××"**，标称为**"生物有机　磷酸二铵"**的化肥，把养分含量分开两部分标注。其中，养分含量高的那部分，用醒目大字标注为**"二铵总养分≥64.0％　18-46-0"**，与常见的优等品磷酸二铵含量一模一样；而含量低的那部分用缩小、淡化、模糊不清的字迹标注**"有机成分：N≥16％　氨基酸≥10％　有机质≥20％"**。本化肥里"二铵"成分、"有机成分"占多少比例，却没有标注。因而任何人都无法准确判断其真实的养分含量（彩图 91）。

类似的违规做法还有如**"磷酸二铵（多肽）"**（彩图 92）、**"多元素　磷酸二铵"**（彩图 105）、**"美国美盛　磷酸二铵"**（彩图 106）等化肥。

违规把化肥内部养分人为地分成两部分、分别标注养分含量的做法，极易隐蔽化肥养分含量低的实际；如果再采用大号字标注那部分含量高的养分数字、小号字标注另一部分含量低的养分数字，就更容易误导乃至欺骗用户。

**3. 重复计量**

（1）氮养分重复计量。标称为所谓"黑尿素"的化肥，养分含量标注为"**总养份（份为错别字）≥46.4%**"，后面标出"**N：≥25%　尿素态氮：≥16%　铵态氮：≥10.4%**"。前面标出的"**N**"，本来已经包括了后面两种形态的氮，但这里却人为地把氮分成这样三部分，且合计在一起而成为"**总养分≥46.4%**"，氮养分明显重复计量（彩图184）。

（2）腐殖酸、氨基酸与有机质重复计量。腐殖酸、氨基酸本身属于有机物质，在标注有机质含量的时候就已包含了腐殖酸、氨基酸中的有机质；但有的化肥却把腐殖酸、氨基酸含量与有机质含量同时标出，并且计入总含量，这样就造成了重复计量。如：

标称为"**美国爱德森农业化工集团有限公司**"生产、国内某单位"**灌装**"的"**氨基酸有机生物发酵肥　腐植酸二铵**"，标出"**总有效成分≥64%　氮磷钾≥15%　有机质≥15%　氨基酸≥8%　腐植酸≥8%　钙、硫、铜、铁、锌、猛**（错别字，应为'锰'）**≥18%**"，把有机质与氨基酸、腐植酸分别计量并计入总养分，造成养分重复计算（彩图171）。

同样的问题还发生在标称为"**复合肥料（土豆专用）**"的化肥，该化肥标出"**总成分≥40%　N＋P₂O₅＋K₂O≥25%　有机质≥10%　腐植酸≥5%**"。复合肥料标出有机质、腐植酸已属违规，又分别标出有机质、腐植酸含量并计入总量，则又形成了重复计量问题（彩图60）。

（3）中微量元素重复计量。把中微量元素用不同形态分别标出含量，造成养分含量交叉重复计量。如：

肥料名称为"**花生千斤增产宝**"、执行掺混肥料标准的化肥，标出"**氧化钙≥40%　活性钙物质≥8%**"。前面"氧化钙≥40％"已经包含了所有的"钙"，后面再标出"活性钙物质≥8％"（且不说这一称谓概念糊涂），明显属于重复计量（彩图 79）。

类似问题也出现在一种无执行标准编号（最下面用极小字体标称出"执行单一微量元素肥标准"字样）的所谓"功能肥"。前面标出"钙（Ca ≥ 32.5%）"，后面标出"氧化钙＋螯合钙 ≥ 32.5%"，同样存在重复计量（彩图 162）。

执行企业标准、标称为"硫磷二铵™土壤调理剂"，标出"总成分≥64%　N≥10%　S≥18%　MgSO₄·7H₂O≥30%　微量元素≥6%"。其他违规标注暂且不论，仅就硫含量的标注来说，前面标出的"S≥18%"中理应包含后面标出七水硫酸镁（MgSO₄·7H₂O）里的硫。这里却把它们分别标出，并计入总量。用这样重复计量的方法，最终把养分极低的化肥，在含量数据上与优等品磷酸二铵一样（彩图 187）。

养分含量重复计量，只是在数据上虚假提高了养分含量。如果用这样的方法把总养分搞成与常见高价值化肥相同的数具，则具有很大的误导性、欺骗性。

## 三、选购化肥提示

养分是化肥最核心的内容。问题化肥一定会在养分上做文章。在选购化肥时，应按照本节内容认真对照察验、仔细识别。一定要搞清楚该化肥的真实养分含量到底是多少。凡标出执行标准以外的营养元素及其他成分，一概不得视为该化肥的养分含量。

凡养分名称缺失错谬、养分化学形态违规、养分标注格式违规、养分计量方式违规的化肥，极可能是问题化肥，不能轻易购买。对养分含量没有达到执行标准规定最低标明值的化肥，实行"一票否决"，绝不能购买。

违规标注养分的"花样"还在不断翻新中。我们无法预见今后还会出现怎样的"障眼法"，来虚假抬高养分含量数据。因此，涉肥者要不断学习、研究，不断提高自己的分析判断能力。

# 第五节 化肥生产"两证"手续（代码：E）

生产许可证、肥料登记证是国家规范某些肥料生产、销售所制定的批准手续。一部分品种的化肥要办理生产许可证，一部分品种的化肥要办理肥料登记证（简称"两证"）。

## 一、化肥生产"两证"手续标注相关规定

### （一）实行许可证管理的化肥，要标注生产许可证号

目前规定纳入生产许可证管理的肥料品种有：过磷酸钙、钙镁磷肥、钙镁磷钾肥、复混（合）肥料系列（含复混肥料、复合肥料、掺混肥料、有机—无机复混肥料）等。生产许可证手续归口省级市场监督管理部门（原质量技术监督部门）审查、核发。生产许可证编号采用大写汉语拼音与三组阿拉伯数字、横杠组成："（×）×K 13-×××-×××××"，其中（×）为省（自治区、直辖市）简称汉字，"×K"代表许可，"13"代表肥料商品所属的化工行业代码，中间三位数代表产品分类编号，后五位数企业生产许可证编号。如下列化肥都严格按照规定标出生产许可证号（彩图198、彩图201、彩图202、彩图203）。

### （二）实行登记证管理的化肥，要标注肥料登记证号

《肥料登记管理办法》规定"实行肥料产品登记管理制度"，除了经农田长期使用，有国家或行业标准所列的肥料免予登记外（免予登记的肥料名录见附录《肥料登记管理办法》），其余肥料必须办理登记手续，未经登记的产品不得进口、生产、销售和使用，不得进行广告宣传。

肥料登记实行分级管理。省、自治区、直辖市农业行政主管部门批准登记的复混肥、配方肥（不含叶面肥）、精制有机肥、床土调酸剂，只能在本省销售使用。如要在其他省区销售使用的，须由生产者、销售者向销售使用地省级农业行政主管部门备案。省级农业部门管理以外的其余肥料产品，均要在农业部取得肥料登记证。

农业部发的肥料登记证号格式为："农肥（××××）准字×
×××号"，括号内为批准年份阿拉伯数字，"准字"后是本肥料登
记的阿拉伯数字编号。省（市、自治区）发的肥料登记证号格式是
在"农肥"前面加省（市、自治区）简称汉字，其余内容相同。如
内蒙古的肥料登记证为"蒙农肥"（××××）准字××××号"。
如下列化肥都严格按照规定标出许可证号（彩图 201、彩图 203、
彩图 208）。

凡纳入生产许可证管理的肥料品种，其包装标识上必须标注生
产许可证编号。凡纳入肥料登记证管理的肥料品种，其包装标识上
必须标注肥料登记证号。

## 二、化肥生产"两证"常见违规标识介绍

有人在未取得肥料生产营业执照等相关证件的情况下就私自生
产肥料。他们通常找一个隐蔽的地方，在包装物上虚构或假冒企业
名称，自制或灌装别人的肥料产品来销售。比较多见的是灌装别人
的低价值肥料来冒充高价值肥料，从而谋取不当利益。这就是所谓
的"黑作坊""黑窝点"。这种情况各地及媒体已多次曝光。现在一
些包装标识出现超低级错误的化肥，主要来源于这些这里，今后必
须继续严厉打击。

现在一些属于"两证"管理范围内的化肥，包装标识却没有标
注"肥料登记证号"或（和）"生产许可证号"。

### （一）非免登记化肥无肥料登记证号（E1）

标出氮磷钾含量为中、低浓度的复混（合）肥料，按照规定应
该标注生产许可证号和肥料登记证号，但在现实中有的无肥料登记
证号。如：

标出复合肥料执行标准、许可证号，标称为**复合肥料（土豆
专用）**"（氮磷钾≥25％），却没有标出登记证号（彩图 60）。

标出复合肥料执行标准、许可证号，"氮"和"钾"含量
≥18％，化肥名称违规标注为**氨基酸铵**"的化肥，同样没有标出
登记证号（彩图 57）。

此外，还有一些自拟其他名称的化肥，本应标注肥料登记证号而未标注，同样属于手续不全。

## （二）执行企标的化肥"两证"残缺（E2）

执行企标的化肥，绝大多数不是《肥料登记管理办法》中所列免于登记肥料，需要办理肥料登记手续，而实际上绝大多数此类化肥并未标注登记证号。执行企业标准的化肥，部分属于许可证管理，但有的也没有标注许可证号。这一问题几乎覆盖了全部化肥产品，尤以售价相对较高的改名"尿素"、改名"磷酸二铵"、改名"磷酸铵"、改名"复混（合）肥料"为突出。

氮肥方面，标注为**"金尿素"**（彩图 6）、**"多微尿素"**（彩图 7）、**"强效锌氮肥（原锌硫尿素）"**（彩图 8）、**"多肽尿素"**（彩图 11）、**"锌动力　尿素"**（彩图 14）、**"晶体尿素"**（彩图 17、彩图 19、彩图 20、彩图 185）全部未标注相关批准证号。

磷肥方面，标注为**"有机磷肥"**（该化肥背面标出许可证号）同样无标出登记证号（彩图 29、彩图 30）。

钾肥方面，标称为**"补钾素　钾肥"**（彩图 35）、标称为**"颗粒钾肥（二铵伴侣）"**（彩图 36）等执行企业标准的化肥，未标出相关证号。

复混（合）肥料方面，标注为**"求实钾宝　高浓度复合肥料"**，标出执行企业标准及登记证号，而无许可证号（彩图 68）；标称为**"小麦千斤旺"**（彩图 66）、**"梦工厂　功能肥（高氮追肥型）"**（彩图 72）、**"大颗粒含钾氮肥"**（彩图 78），"两证"编号全部缺失。

磷酸二铵方面，标称为**"硫钾二铵"**无登记证号（彩图 102）、标称为**"嘉吉大地　多元素二铵"**的化肥"两证"号码全无（彩图 108）。

## 三、选购化肥提示

属于"两证"管理的化肥产品，包装标识上必须标注生产许可证或（和）肥料登记证编号。选购此类化肥产品时，要认真察看是否具有相应编号及编号是否规范；哪怕只缺一项或标注不合规范，都不能购买。

# 第六节　化肥包装标识常规内容(代码:F)

　　《肥料标识　内容和要求》《肥料登记管理办法》《肥料登记资料要求》《肥料登记　标签技术要求》对化肥包装标识包括生产企业基本信息、文字、版面、包装物质量等方面，都做了明确的规定。

## 一、化肥包装标识常规内容标注相关规定

### 1. 厂名、厂址、联系方式

　　包装标识必须清楚地标注企业基本信息。中国大陆境内产品，必须标明经依法登记注册的、能承担产品质量法律责任的生产者的名称、地址和联系方式。国外及港、澳、台地区产品，除了必须标明该产品的原产地（国家或地区）、进口合同号外，同样要标明能承担产品质量法律责任的代理商在中国依法注册的名称、地址和联系方式。

### 2. 包装标识版面要求

　　肥料包装标识所标注的所有内容，应清楚并持久地印刷在统一的并形成反差的基底上，使用的颜色应醒目、突出、易使用户特别注意并能迅速识别。标识内容直接印在包装上，应保证在产品的可预计寿命期内的耐久性，并保持清晰可见。文字应使用规范汉字，可以同时使用少数民族文字、汉语拼音及外文（养分名称可以用化学元素符号或分子式表示），汉语拼音和外文字体应小于相应汉字和少数民族文字。

### 3. 包装标识其他内容

　　肥料产品还要按照要求有产品质量证明、净含量、使用说明、注意事项、警示语等内容。

　　产品质量证明（或合格证）是指出厂的化肥产品要附有质量证明书（或合格证），上面标明生产日期、生产批号、检验人员代号等内容；可以附在肥料包装袋上，也可以放在包装袋中。

净含量是指不包括包装袋重量的肥料重量。每袋肥料重量的误差可以在一定的范围之内，但一个批次的肥料的总重量必须达到标注的总重量。

使用说明包括该肥料所适应作物、适用区域、用法、用量等内容。注意事项是指若产品需限期使用，则应标注保质期或失效日期；若产品与运输、贮藏条件有关，则必须标明产品的运输、贮藏方法、要求等内容。

警示语是指化肥里若含有某些需要引起注意的物料，就要求标注警示语。如含"高氯"的产品、含尿素态氮的产品，应在包装容器上标注"含×××，使用不当会对作物造成伤害"；含易燃、易爆原料也要按规定标出警示语等。

**4. 包装物质量**

国家对肥料的包装物质量有相关的执行标准。《固体化学肥料包装》执行国家标准 GB 8569—2009，《液体肥料　包装技术要求》执行行业标准 NY/T 1108—2012。所示肥料包装物质量都要符合上述标准要求。

正规厂家都是机器封口，紧凑、结实，不会出现二次封口，一般不会用手持式缝包机作业。

## 二、化肥包装标识常规内容常见违规标识介绍

目前，这方面存在的问题虽然相对较少，但也存在一些需要关注的问题。

### (一) 企业基本信息不清、不全 (F1)

一些化肥包装标识上生产企业的基本信息标注不清、不全。如有的是厂名、地址、电话残缺不全，有的联系电话联系不上；一些标注外国公司名称的化肥，除了没有标注原产地、进口合同号等规定内容外，连代理商在中国应注册的名称、地址、联系方式等内容都没有。

在肥料名称、执行标准、批准证号、养分含量、宣传内容等方面都存在严重问题的所谓"**功能肥**"，只标出生产企业名称，而没

有标注的地址、电话等基本信息（彩图 162）。

标称为"**全元素水溶肥**"，许多主要内容违规用外文标注，消费者根本看不出生产企业的基本信息（彩图 152）。

标出"**美国世多乐集团公司**"名称、商标为"**脉素特®**"的一种无化肥名称的肥料，同时也未标出代理商的名称、地址及联系电话（彩图 165）。

### （二）文字违规、版面异常、标识易损（F2）

**1. 文字违规标注**

一些化肥包装标识内容部分或全部用外文（或汉语拼音）标注，有的标称为我国港、澳、台地区产品用繁体汉字标注。

标称为"**全元素水溶肥**"大量内容用外文标注（彩图 152）。

标称为"**凯米拉**"的肥料（彩图 168），大部分内容用外文标注。

某化肥包装标识主要内容几乎都用外文标注，只是边角处标出小到不起眼的汉字（彩图 176）。

更为严重情况是，有的肥料整个包装标识全部为外文。普通人很容易把它当作进口肥料而"望洋兴叹"。仔细察看才发现最下方标出的"**JIN KOU JI SHU FU WU DA LU**"字样，竟然是汉语拼音"**进口技术服务大陆**"的汉语拼音（彩图 169）。

标出国内大量元素水溶肥料执行标准、肥料登记证号，无进口合同号的产品，用繁体汉字标出"**原产地：中国台湾**""**本品严格按照 ISO 9001：ISO 9002 国际质量体系认证标准生产**"，力图造成这是境外产品的假象（彩图 146）。

包装标识违反规定，用外文（或汉语拼音字母）、繁体汉字标注，就是误导人们这是进口（或境外）产品，进而获取不当利益。

**2. 字迹模糊，版面异常**

除了上面已经提到的化肥名称、养分含量存在模糊化的问题外，一些化肥违反规定把其他主要内容，采用缩小、淡化、遮隐、移位等方法，使其模糊化；从而使用户不能迅速识别企业的基本信息、执行标准、质量指标、批准手续等最主要的内容。

标称为**"硝硫三铵"**（彩图 120）、**"玉米专用"**（彩图 154）的化肥，把执行标准、证号用极小号字体在包装标识不显眼的地方标出。

标出所谓**"生态肥"**，把执行标准（有机肥标准）、登记证号等主要内容，用黑色小字标注在深蓝色背景上的夹缝里，故意使人难以辨识（彩图 173）。

极个别化肥包装标识是"阴阳脸"，即正反两面标出的化肥标识主要内容并不相同，这是明显的违规行为。如一种化肥正面标注为"有机磷肥"，背面却标注为"氨基酸有机磷肥"（彩图 29、彩图 30）。

违反"标识所标注的所有内容，应清楚并持久地印刷在统一的并形成反差的基底上"，以及标识内容要"直接印在包装上，应保证在产品的可预计寿命期内的耐久性，并保持清晰可见"的规定，个别化肥把外文字母用特大号字体在显眼位置标出，来混淆化肥名称，而把中文化肥名称、养分含量等重要内容印在小块不干胶贴片上，粘贴于包装袋上（彩图 179）。

## 三、选购化肥提示

凡未标出生产企业名称、地址、联系方式，或电话总是处于空号、关机、无法接通、无人接听状态的，或网址虚假的，凡版面标成"阴阳脸"的，凡主要文字内容标注为外文的化肥，常常存在严重质量问题，此类产品应谨慎购买。

凡文字不规范，包装标识主要内容残缺不全或不清，未按规定标注使用说明、警示语，或采用小块不干胶粘贴包装标识主要内容的化肥，要结合其他标识内容，综合加以判断，不要轻易购买。

凡是有二次扎口痕迹的肥料就有"换包"的可能，要慎重对待，在未经证实无差错前不得购买。

有的企业为降低包装物成本而偷工减料，致使包装袋质量差、易破损、封口不严密等。凡外包装质量低劣、开口、破损、混有杂物，即使原来是合格产品，也容易降低质量，因此不宜购买。

现在还要特别留意另外一种情况，就是一些假冒伪劣化肥，却把包装物做得十分讲究、上档次。因此不能仅从包装物质量上单方面判定肥料的优劣，而要结合整个包装标识内容综合进行判断。

# 第七节　化肥包装标识的基本原则（代码：G）

法规、标准都提出了肥料包装标识的基本原则。这是规范化肥包装标识的总纲领，需要专题进行介绍。

## 一、化肥包装标识基本原则

包装标识的基本原则是：肥料包装标识"所标注的所有内容，必须符合国家法律和法规的规定，并符合相应产品标准的规定""必须准确、科学、通俗易懂""不得以错误的、引起误解的欺骗性的方式描述或介绍肥料""不得以直接或间接暗示性的语言、图形、符号导致用户将肥料或肥料的某一性质与另一肥料产品混淆"。

《中华人民共和国反不正当竞争法》规定："经营者不得实施下列混淆行为，引人误认为是他人商品或者与他人存在特定联系：（一）擅自使用与他人有一定影响的商品名称、包装、装潢等相同或者近似的标识；（二）擅自使用他人有一定影响的企业名称（包括简称、字号等）、社会组织名称（包括简称等）、姓名（包括笔名、艺名、译名等）；（三）擅自使用他人有一定影响的域名主体部分、网站名称、网页等；（四）其他足以引人误认为是他人商品或者与他人存在特定联系的混淆行为"；还规定："经营者不得对其商品的性能、功能、质量、销售状况、用户评价、曾获荣誉等作虚假或者引人误解的商业宣传，欺骗、误导消费者"。

在化肥产品进口方面，国家明确规定：国外及港、澳、台地区的肥料在大陆销售，"肥料生产者可由其在中国设的办事处或委托的代理机构作为申请者"向大陆申请；肥料产品要"提交生产企业所在国（地区）政府签发的企业注册证书和肥料管理机构批准的生产、销售证明，以及企业符合肥料生产质量管理规范的证明文件和在其他国家登记使用情况。这些证明文件必须先在企业所在国（地区）公证机构办理公证或由企业所在国（地区）外交部门（或外交部门授权的机构）认证，再经中华人民共和国驻企业所在国（地区）使馆（或领事馆）确认"，"还应提交在其他国家（地区）登记使用情况，产品原文商品名和化学名，以及主要成分的商品名、化学名、结构式或分子式"，"应提供肥料的理化性状、质量控制指标和检验方法，以及企业所在国（地区）公证机构公证的产品质量保证证明"。

国外及港、澳、台地区的化肥产品履行完上述程序，经批准后在中国大陆销售。包装标识上标注的内容：

第一，必须标出该产品的"**原产地：（国家或地区名称）**"

第二，必须标出该产品的"**进口合同号：**"及编码；

第三，不得标注这种产品我国国内的执行标准、生产许可证号、肥料登记证号等内容（合格包装标识如彩图 199）。

凡没有同时做到这三点的，原则上就不能认定为合格的进口产品。

上述法律、法规、标准所规定的基本原则现在正面临严峻的挑战。一些化肥除了前面介绍的问题外，包装标识上还存在不少违反"基本原则"的问题。有的化肥以错误的、容易引起误解的、甚至欺骗性宣传等各种方式，兜售各种各样的问题化肥，个别的甚至是假劣产品。

## 二、化肥包装标识基本原则常见违规标注介绍

目前市场比较多见、影响比较广泛、性质比较严重的，可以归纳为下面几种情况。

### （一）"染黄头发装老外"（G1）

除了上面已经介绍过的在肥料名称傍靠"洋名"、包装标识内容标注为外文外，有人在许多方面用尽各种办法千方百计把自己的肥料装扮成"进口产品"，民间戏称为"染黄头发装老外"。

下面例列的此类产品，在包装标识上全部没有进口产品必须标注的"**原产地**"字样及**地名**、"**进口合同号**"字样及编号，反而标注国内登记证号、许可证号、执行标准（有的还是有机肥标准、企业标准）；更为严重的是，此类化肥中许多都存在养分含量不足、不实及夸大性宣传等问题。"染黄头发装老外"大致有以下 4 种形式。

**1. 标出由外国公司生产或"独资"**

一些化肥在包装标识上直接标出外国公司名称。这就等于明确告示：这是不容置疑的外国公司生产的进口产品。如：

标出由"**美国哈佛农丰国际化肥科技公司**"出品的"**美国红钾王™**"（违规用文字商标混淆化肥名称），从外表看很像是进口产品，可是仔细观察发现，除了没有标出"原产地"及地名、"进口合同号"及编码外，标称"**本产品符合国际肥料标准**"这一模糊的概念；更糟糕的是标出"**本品含量≥60%**"这一违规内容，连养分名称及含量都没有标出（彩图 41）。

标注为"**美国康富来生物工程国际发展有限公司**"的所谓"**超级  钵床肥**"，同样没有"原产地"字样及地名、"进口合同号"字样及编码，而标注中国大陆的登记证号和许可证号；还自称拥有"国际尖端技术"，是"**通过 ISO 9001：2000 国际质量标准认证[新型强效环保型土壤肥料杀虫杀菌抗重茬剂]**"，"**棉花/瓜果/蔬菜等作物育苗专用**"的肥料；养分含量违规标注为"**有机质 N＋$P_2O_5＋K_2O≥36%$**"，把有机质与氮、磷、钾混在一起，使人无法判断有机质、氮磷钾总量及各单一养分含量，严重违背了化肥养分含量标注的最起码要求（彩图 160）。

一种标出"**美国独资**"的"**圣诺嘉吉™**"牌"**玉米专用肥**"，却标出执行国内有机—无机复混肥料标准及肥料登记号、生产许可证号，其养分含量仅为"**$N＋P_2O_5＋K_2O$  16-0-2≥18%**"。这种只有 16% 的氮、2% 的钾、没有一点磷的肥料，"染黄头发"后，竟敢称作"专用肥"。如若相信了它的宣传真的去"专用"，必然会遭受巨大损失（彩图 86）。

**2. 标出外国公司"授权"，国内公司灌装、分装、制造**

标称为**"美国爱德森农业化工集团有限公司"**生产，**"授权灌装商"**为北京某公司的产品**"腐植酸二铵"**，却标出国内肥料标准及证号，**氮、磷、钾含量仅为 15%**（彩图 171）。

标称越南某地的**"味丹（越南）企业股份有限公司"**生产，国内某公司分装的**"益地"**牌**"双螯合生态肥"**，却标注国内有机肥料执行标准（NY 525—2012）及肥料登记证号（彩图 174）。

标称为**"摩洛哥国际化肥进出口股份有限公司授权"**、由国内某公司为**"制造商"**的**"国际品牌　值得信赖"**产品——**"多肽尿素"**，鼓吹具备**"双生化螯合　多肽蛋白酶"**优势，有**"松土＋长效＋缓释"**功能；但其养分含量竟违规用小数标注，折算后氮含量仅有 25%（彩图 11）。

标称**"美国嘉都国际化肥集团有限公司""授权"**、由国内某公司生产的所谓**"聚能追肥"**，标注执行国内企业标准、登记证号，养分含量明显严重违规标注（彩图 157）。

**3. 标出国外与国内公司"联合"推出、研发或中外合资**

标称为**"美国美盛国际化工集团有限公司"**与国内某肥业公司**"联合推出"**以**"美国美盛™"**为商标的**"磷酸二铵"**，标注执行国内企业标准。养分含量违规分成**"无机粒""有机粒"**两部分标注，氮、磷含量远远达不到最低限量（彩图 106）。

标称由**"美国嘉吉化工进出口集团有限公司"**与国内某公司**"联合研发"**的所谓**"多微尿素"**，标注执行国内企业标准。包装标识上标称**"内含聚天门冬氨酸""速效＋长效"**，宣称**"只做真肥料"**，而氮含量仅有 28%，远达不到比尿素最低限量（彩图 7）。

标称为**"中芬合资　××福尔斯特化肥有限公司"**生产的复合肥料，标注复合肥料和有机—无机复混肥料两个执行标准，且违规把内部物料分成两部分分别计量（彩图 159）。

**4. 标称外国公司提供商标，国内公司出品**

标出**"原产国（突尼斯）"**，又标出一个无头公司，名称为**"进口化肥有限公司提供商标"**——**"突磷国际®"**，下面却标出国内某肥业公司"出品"的"硫钾二铵"（违规名称）。标注执行国内企业标准、许可证号，无登记证号。如此自相矛盾的标注内容，使人根本搞不清楚到底是不是进口化肥。如果单从标出的养分含量来看，极可能是把一个普通的复混肥料鼓吹成"原产国（突尼斯）"的所谓"硫钾二铵"（彩图 102）。

另外，一些化肥在包装袋上标出"进出口企业代码"号来混淆进口合同号；一些化肥标出"港口"名称；有的专门拟取带有"洋味"的公司名称；有的标称"通过××××：××××国际质量管理体系认证"；有的标注：专门针对中国大陆土壤配制、生产；有的标出"中国大陆免费服务电话：××××"字样等。总之用各种各样的方法"染黄头发装老外"，而销售的化肥许多却是明显存在问题的国内产品，有的则是问题严重的假劣产品。

## （二）标榜采用外国技术（G2）

我国在化肥生产、施用方面已经具有较高的水准。可惜许多人并不清楚这一实际情况。一些人利用过去所形成的迷信外国技术的旧观念，在化肥包装标识上标出大量宣扬国外肥料技术的说辞，为自己的肥料装潢门面。这些标榜采用国外肥料技术的产品，许多却是在肥料名称、批准手续、养分含量等多方面存在严重问题的化肥。

标称采用"**国际纳米提纯压缩技术**""**国际品牌 肥料精品**"的所谓"**高效冲施肥**"，标出"**泰丰精品 国内首创**""**全新绿色植物健康产品**""**100%速溶 速效 吸收 增收 8 小时吸收 24 小时见效**"等夸大不实的宣传内容，竟然是肥料名称违规、养分含量标注不清的产品（彩图 156）。

一种以"**土好力®**"为商标、违规改变养分化学形态标注养分（EDTA 螯合态）、证号残缺、肥料名称违规的产品，却标称"**来自澳大利亚的神秘配方**"（彩图 150）。

标称"**美国技术 中外合资**""**××省知名品牌**"的所谓"**有机 磷酸二铵**"，配合式违规标出"**N-P$_2$O$_5$-有机物质-氨基酸 17-12-30-5**"。养分标出值即使是真的，氮、磷含量也仅为 29%，不到常见磷酸二铵（64％）一半（彩图99）。

前面已例列过的由"**美国嘉吉化工进出口集团有限公司**"与国内某公司"**联合研发**"、由国内某公司的分公司"**总经销**"、商标为"**嘉吉大地**"的"**多元素二铵**"（彩图108），执行国内企业标准，随意改变养分含量标注方法，连总养分、单一元素含量的具体数量都难以分辨。就是这样一个严重违规的肥料，在背文（彩图109）中却宣称"本产品是世界最先进的多元素保密配方 相当于普通二铵120斤*使用"（本肥料每袋50千克）。

一种标称为"**控释氮肥**"的肥料，标出"**微碳技术（MICRO CARBON） 促生技术（PROBIOTIC SOLUTIONS） 美国非常规络合技术（THE UNITED S-U-C-T）**"，却是一个无控释肥执行标准、养分含量违规标注、氮含量标出值只有30％的单质氮肥（彩图170）。

我们无疑十分欢迎引进世界肥料新技术、新工艺，但一定要警惕有人打着外国新技术、新工艺的幌子，兜售问题化肥。

**（三）标榜虚假新概念、高科技，随意夸大宣传（G3）**

从上述内容我们已经明白：肥料的最基本、最核心的功能就是提供植物生长所需的营养成分，是农作物的"粮食"。化肥乃至所有的肥料，超乎"粮食"功能之外其他功能是很有限的。偏离化肥最基本功能，而宣传那些不明显或不主要的功能是不科学的。

目前化肥包装标识上标榜的虚假新概念五花八门。自我粘贴"高科技"标签，吹嘘神奇效果一类夸大性宣传内容，有的甚至是科学家们研究多年、目前尚未突破的课题内容。

一种肥料名称、批准手续违规，养分含量严重不足的所谓"**有机钾肥**"，标出"**本企业通过ISO 9001：2000质量管理体系认证**"，是"**最新高科技产品**"（彩图39）。

一种常见的氮磷钾（15-15-15）的复合肥料，标称为"**中国高端肥料领导品牌**"、获得"**美国发明专利、中国发明专利**"，并已升级

---

\* 斤为非法定计量单位，2斤＝1千克。

为近期最为时髦的"黑科技",是"高活性复合菌多功能肥料",具有"5 大科技聚合 36 重元素增效"等夸大式宣传内容(彩图 77)。

某化肥无通用名称,标出疑似肥料名称"激活脉动""赛双铵钙 8"有夸大性宣传的意味,配合式中养分违规标注,却标称"国家专利 行业领先""撒施 抗晒 锁住养分不流失 速效十长效"等夸大性宣传内容(彩图 163)。

标注执行企业标准、养分含量标注不清、违规名称为"稀土型高钙钾宝"的化肥,吹嘘本化肥是具有"高新 纳米技术"的"全营养 超浓缩 沃根 增色膨果 抗重茬 抗寒 抗旱 抑菌抗病 抑制根结线虫""松解土壤 抑制细菌""生根壮苗 保花保果""六小时吸收""二十四小时见效"的"冲施肥精品",并标称"荣获中国(寿光)第×届蔬菜博览会金奖"(彩图 158)。

肥料名称标称为所谓"功能肥",在包装标识最下面用极小字体标出"执行单一微量元素肥标准"字样,具体是哪一种微量元素,这里没有标明执行标准编号。标出的养分含量与任何"单一微量元素肥标准"都不搭,且错误百出:这边标出单质"钙(Ca)≥32.5%",那边标出"氧化钙十螯合钙≥32.5%",到底是单质、氧化物,还是螯合物,谁也搞不清楚。此外还标出一些概念糊涂的物料名称:"免深耕因子≥5% 生根活性酶分子≥10% 解磷因子≥5%""内中富含硼锌硫镁硅铁铜钼硒等微量元素"(把硫镁硅也归入微量元素!)、"天然矿物质多种微量元素复配而成"。就是这样一个明显低价值且多重违规的肥料,堂而皇之标出"领导绿色农业 生态施肥""生态营养配餐",具有"高抗重茬/喧松土壤(喧是错别字,正确是暄)/养根壮苗/抗旱抗寒/免于深耕/降解药害/改良品质/增产增收"的功效,俨然吹嘘成一种难得的高价值肥料(彩图 162)。

此类标榜虚假新概念、高科技,进行夸大式宣传,所用的词语太多、太烂,实难一一例列。

目前,不少化肥偏离其基本功能,随意标榜虚假新概念、高科技,吹嘘能够"包医百病"等说辞,其实大都是用来唬人的概念。许多概念连发明者自己也解释不出令人信服的内涵及机理,更谈不到有什么科学依据。这些内容虽然许多只是些哗众取宠的文字，但有较大的误导作用。

### （四）"拉大旗　作虎皮"（G4）

目前一些化肥包装标识上，有的标出"专利"，有的标出所获"荣誉"，有的标出股票代码，有的标出媒体、保险机构、科研院所乃至国家部委名称。其真实性我们不得而知，但一些明显是问题化肥，也标出这些"高、大、上"内容为自己的产品"站台"，则大有"拉大旗，作虎皮，包着自己，吓唬别人"之嫌。

醒目位置标出违规肥料名称"**双酶胞脲**"，养分含量标出"**矿物质肥料增效剂≥40%**"的肥料，却标出"**××（某行业名）科技报战略合作品牌**""**发明专利证号×××××**"（彩图 70）。

执行复混（合）肥料标准，肥料名称违规添加"**活力素型**"字样，并违规标出含"**有机质≥6%　活力素≥6%**"的肥料，标出"**活力素国家发明专利号×××××**"及"**××（某省名）农业报荣誉出品**"（彩图 74）。

肥料名称违规标注为"**上海二氢钾**"，标称采用"**纳米技术**"，是由"**××××保险公司承保**"的产品（彩图 135）。

肥料名称错误、无执行标准与批准证号，养分含量存在严重问题的"**多肽尿素**"，却标出"**××省质量信得过企业**"（彩图 10）。

标注为"中量元素水溶肥料"名称及执行标准的化肥（名称显著缩小并标注在夹缝），把"**矿源中微**"大字体标注在显眼位置混淆化肥名称。微量元素违规标注，并标出"**专效·解决缺素**"夸大性宣传内容。该化肥标称是"**国家级高新技术企业**""**国家特种材料产业化基地龙头企业**""**国家'863'计划及国家强基工程企业**"的产品（彩图 147）。

文字商标为"**金徽宝™**"的"**中量元素水溶肥料**"，标出的"**钙镁**"无含量数字，违规标出"**含腐植酸　微生物　硅**"，并有"**补微　补菌**"等夸大性宣传内容，却标称为"**中国××××协会推广产品**"、采用"**××部（国家某部委名）权威高科技：技术配方工艺**"（彩图 148）。

前面已多次例列、存在多项严重违规的化肥"**地下霸主™**"，竟然标称为"**中国农科院××中心推荐产品**""**中国脱乙酰应用技术领先服务品牌**""**欧盟有机作物授权使用产品**"（彩图 142）。

存在多重违规标注问题的所谓"**金尿素**"，竟标称"**CCTV ×（某频道数字）中央电视台上榜品牌**""**中国氮肥领导者**""**中国专业生产高效化肥企业**"（彩图 6）。

标注执行脲铵氮肥标准、违规用"**六元素®**"文字商标混淆肥料名称、养分含量达不到最低限量、连化学元素符号都会书写错误的一个多重违规的化肥，标出"**上海股交中心挂牌企业 股交名称××××股交代号××××**"（彩图 26）。

标注执行企业标准，既没有登记证号也没有许可证号，养分含量严重违规，肥料名称标称为"**生物酶活性磷肥 新型矿物肥料**"，竟标出"**国家专利××××**"及"**第××（数字）届全国发明展览会金奖**"（彩图 31）。

### （五）有机肥冒充高价值肥料（G5）

上面已介绍过许多低价值化肥傍靠、冒充高价值化肥的情况。现在有人采用拟取违规肥料名称、虚假标注养分含量、夸大性宣传、"拉大旗"等方式，把价值更低廉的有机肥（有的甚至未必是肥料的物料）"忽悠"成高价值肥料。

标出"**美国 PRELUDE 投资有限公司**"和国内某肥业公司两个名称，肥料名称违规标注为"**生态肥**"，标称为"**通过美国 MSDS 免检认证产品**"的"**浓缩型**""**绿色肥料**""**国际新型长效绿色生物有机肥**"，而养分含量标注内容严重违规，竟是标注国内有机肥标准（标准号 NY 525—2012 故意排在深底色夹缝里）的问题肥料（彩图 173）。

标注有机肥料执行标准，却没有"**有机肥料**"名称，而违规标注为"**底肥 根动力**"。标称为"**国家级星火计划项目产品 ××省政府采购项目供应产品**"，是由"**××省龙头企业**"生产的肥料。养分含量别出心裁标注为"**有效成分**""**增效成分**"两部分，"**有效成分：有益活菌数≥2 亿/克 有机质≥45% 氮磷钾≥5% 中**"

微量元素≥15% 生化黄腐酸≥10％""增效成分：氨基酸、甲壳素、胶原蛋白、土壤微粒结构调节剂、纳米激活因子等"。这些物料中有的是不应含有的物料，有的是跨越肥料品种的物料，有的是概念糊涂的物料。通过以上方法，把一个有机肥料吹嘘为神奇的高价值肥料（彩图177）。

此外，更有胆大妄为者竟然用有机肥料冒充价值十分昂贵的黄腐酸钾（详见第二章第三节"黄腐酸钾"）。

## 三、选购化肥提示

用户在选购化肥时，可以要求销售者对包装标识标注的全部内容，提供与其宣传内容直接相关的有效资料依据，以证明其真实性；如若提供不了，用户就不能轻信。

"染黄头发装老外"、标榜空洞新概念、吹嘘虚假高科技、宣称夸大性功效，以及拉起权威机构"大旗"的，用户应该按照上面各节中介绍的国家规定，逐项进行对照。只有符合规定的情况下才能选购，否则都不要轻易购买。

凡是以有机肥料冒充高价值肥料，一定不能购买。

有的化肥内在质量合格，只因生产者不懂国家法规、标准规定为"赶时髦"而标注了一些违规内容，有待日后整改；有的却是明知故犯，故意制售问题化肥。所以购买化肥时要对包装标识进行深入查看，综合判断。

正规、合格的化肥产品，其包装标识会严格按照相关规定标注：

①标出表示本化肥真实属性的、规范、醒目的化肥名称及相对应的执行标准，以及合格的商标；

②标出规范、合格、准确、清楚的养分名称，养分形态、标注格式及养分含量合乎规范；

③免于登记以外的化肥标出规范的登记证号，实行许可证管理的化肥标出规范的许可证号；

④净含量，使用说明，注意事项，合格证，生产者（进口化肥

代理者）单位、名称、地址、电话等常规内容真实、合格、清楚；

⑤进口产品标出"原产地"及地名、"进口合同号"及编号，标识主要内容必须用醒目汉字标注，且无国内执行标准及其他证号；

⑥无容易引起混淆的、虚假的、夸大性的标识内容。

## 【本章小结】

为了便于读者理解，本书把化肥包装标识内容分解为七个方面介绍。书中列出的违规项目，其危害程度是不一样的，有的一项就可以判定为假、劣产品（如养分达不到最低标明值），有的则属于一般性违规，需要结合其他方面的违规进行综合判断。

为了节约篇幅及尽量避免过多重复，书中对每一项违规内容只列出少数图例对应。读者用本书载出的图片做练习，逐一"对号入座"进行比对，标出违规项目，多次练习，以逐步提高自己的综合识别能力（方法如［例］）。

［例］（彩图12）"赛尿素"：A4/B3/C2/D4/D5/D6/D8/G3（假冒产品）。

［例］（彩图28）"黑金刚"：A1/A8/B3/D3/E1/G3/G4（劣质产品）。

# 第二章 常用化肥分类快速识别

目前问题化肥已经遍及各类化肥产品。根据实际需要且碍于篇幅，这里只对当前最常使用的化肥提出识别方法及选购参考意见，分别做以下介绍。

## 第一节 氮 肥

常用氮肥有尿素、硫酸铵、氯化铵、碳酸氢铵、脲铵氮肥等。碳酸氢铵养分含量、售价都很低，刺激性气味大，目前没有见到假冒产品。尿素、硫酸铵、氯化铵、脲铵氮肥都存在程度不同的问题。

### 一、尿素

#### (一) 尿素基本常识

尿素的化学分子式为 $H_2NCONH_2$ 或 $CO(NH_2)_2$，此化学结构决定了尿素的营养成分是氮，且氮的形态属于有机形态（酰胺态）。农业用（肥料）尿素自 2018 年 7 月 1 日起正式执行新版国家标准，编号为 GB/T 2440—2017（替代 GB 2440—2001）。

农业用（肥料）尿素主要质量技术指标：

| 项 目 | 优等品 | 合格品 |
|---|---|---|
| 总氮（N）（以干基计，%） | ≥46.0 | ≥45.0 |
| 缩二脲（%） | ≤0.9 | ≤1.5 |
| 水分（$H_2O$，%） | ≤0.5 | ≤1.0 |
| 亚甲基二脲（以 HCHO 计，%） | ≤0.6 | ≤0.6 |

（续）

| 项　目 | 优等品 | 合格品 |
|---|---|---|
| 粒度（%）<br>d 0.85～2.80mm<br>d 1.18～3.35mm<br>d 2.0～4.75mm<br>d 4.0～8.0mm | ≥93 | ≥90 |

本技术指标需特别关注要点：①标称为"尿素"的化肥，只能标出一种营养元素——氮，而不能标出氮以外的其他营养成分；②尿素的氮含量最低标明值≥45.0%，达不到此限量的就不是合格品。

尿素执行多年的旧标准（GB 2440—2001）规定，氮含量最低限量为≥46%，优等品≥46.4%，市场上过去常能看到氮含量"≥46.3%"与"总氮≥46.4%"的尿素，合格包装标识如彩图193。造假者正是瞄准这一点，常常把假劣尿素的氮含量想方设法标成与此相同的数字。

尿素里添加其他物料后名称标注为"××尿素"，须经有关部门批准命名并发布国家或行业执行标准。目前已有国标、行标的如：

**"硫包衣尿素"**，执行国家标准 GB/T 29401—2012，质量指标：氮含量≥31%，且对氮初期释放率、静态氮溶出率、硫含量等提出了明确要求。合格包装标识如彩图194。

**"含腐殖酸尿素"**，执行行业标准 HG/T 5045—2016，质量指标：氮含量≥45%，腐殖酸≥0.12%，氨挥发抑制率≥5%等。

**"含海藻酸尿素"**，执行行业标准 HG/T 5049—2016，质量指标：氮含量≥45%，海藻酸≥0.03%，氨挥发抑制率≥5%等。

需要特别说明的是，此类"××尿素"名称中的"硫包衣""含"一类文字，是不能随便改动或省略的。因为它清楚地表明：这是在尿素里添加了一些其他成分，而不是尿素与这些成分发生了化学反应。生产者不可凭自己的想象随意拟取"××尿素"名称，或者在"尿素"名称旁边擅自添加其他修饰词语。

## （二）尿素快速定性识别

### 1. 看外观

尿素颗粒圆润、均匀、大小一致，粒径有大小之分。小颗粒尿素为白色半透明颗粒；大颗粒尿素为白色颗粒，常不透明。正品尿素不会夹带杂物。

### 2. 闻气味

纯品尿素在常温下无挥发性气味。

### 3. 水溶试验

（1）溶解速度快。将少量尿素放入在静态水中数分钟内即可全部溶化，如搅拌则溶化更加迅速；水溶液清澈透明、无杂质。

（2）溶解度高。在室温（20℃左右）条件下，1千克水能溶解1.05千克尿素。

（3）吸热。尿素溶于水时要吸热，所以能使水温降低。试验时可取两个杯子盛水，把尿素加在其中一个杯里，用手就可以感觉到两个杯内液体有明显温差。

### 4. 与碱性物质反应

取一个小碗放入少量尿素，加入极少量水，然后加入碱性物质（如石灰或做饭用的碱面、小苏打等，下同）混合起来进行反应，没有氨味出现。

### 5. 灼烧

把尿素放在烧红的木炭或铁板上，会迅速冒泡、熔化并冒白烟（但不燃烧），放出氨味。取一片玻璃接触白烟，玻璃上会出现一层白色模糊状结晶物，而铁板上无残留物。把尿素放在玻璃试管中，从试管外底部用酒精灯加热，尿素会慢慢熔化，并逐渐变成浓稠状，有白烟，能闻到氨味。

### 6. 铜片试验

用钳子夹住一小块铜片，置于酒精灯火焰上烧至暗红色，然后立即放入清水中冷却。同样的方法连续烧几次，直到烧至火焰的颜色无绿色为止，以除掉铜片表面的污物，保持铜片清洁（下同）。然后取少量尿素置于铜片上，放在火上灼烧，其火焰颜色呈微弱的草绿色。

根据各类化肥不同的物理、化学特性，可以用这种简易方法对其做出定性判断。如果某化肥在简易定性识别时就出现问题，说明它很可能是假劣产品。要获取准确的养分含量数字，那就必须进行化验分析才能获得（下同）。

**（三）尿素常见违规标识快速识别**

尿素是目前市场上养分含量最高的单质氮肥，老百姓使用多年，效果稳定，声誉好，销售价格较高，因此问题尿素频频出现。

**1. 尿素名称与执行标准**

（1）外观仿真的"**尿素**"。一部分问题尿素从包装物外观上看，无论整体版面设计，还是各类内容的字体、位置，都与常见的正品尿素几乎没有差别（彩图1）。只有仔细察看才会发现，此类所谓"尿素"，大都在醒目大号字"尿素"名称旁边用不太引人注意的小号字印上"**含锌**"（彩图2）、"**锌动力**"（彩图14）、"**腐植酸有机**"（彩图18）等词语进行了修饰。

（2）名称添加修饰语"**尿素**"。此类问题尿素是在"尿素"前面添加修饰语，与"尿素"二字连起来作为肥料名称。比如"**含硫氮肥 新型尿素**"（彩图3）、"**控释硫镁尿素**"（彩图4）、"**硝尿素**"（彩图5）、"**金尿素**"（彩图6）、"**白金尿素**"（彩图189）、"**多微尿素**"（彩图7）、"**多肽尿素**"（彩图10、彩图11）、"**晶体尿素**"（彩图19、彩图20）、"**黑尿素**"（彩图184）、"**有机尿素**"（彩图9）等。这些所谓"××尿素"存在许多问题。如"控释硫镁尿素""硝尿素""金尿素""多肽尿素""多微尿素"等称谓，全都概念模糊，有的甚至是错误的。"晶体尿素""黑尿素"似乎要表示这是在外观形态和颜色上有别于传统的尿素，实则大谬不然。"有机尿素"至少是画蛇添足的，因为尿素中的氮就是有机形态的酰胺态氮。

上面所列的"尿素""××尿素"，多数标注执行企业标准（有的标注其他氮肥标准或未标注标准）。这些所谓"尿素""××尿素"在养分含量、批准手续、宣传内容方面存在诸多问题。此类

"尿素"大都养分含量很低，达不到尿素氮含量最低标明值，是误导性极强的劣质产品。

**2. 用其他肥料混淆"尿素"**

上面所述标注执行复混肥料、有机—无机复混肥料、氯化铵、硫酸铵标准的所谓"××尿素"，其实都用一些低价值化肥来混淆"尿素"。

（1）复混肥料混淆尿素。标注执行复混肥料标准、并且还用小号字标出"复混肥料"化肥名称，却用大号字在醒目位置标出"**加钾尿素**"。其养分含量标注为"**总养分≥30%　N-P$_2$O$_5$-K$_2$O 26-0-4**"，远低于尿素最低限量；还违规标出"**有机质≥13%　腐植酸≥10%**"（彩图15）。

（2）有机—无机复混肥料混淆尿素。某种标出"有机—无机复混肥料"名称和执行标准的化肥，却用"**有机尿素™**"做商标，排在醒目位置，养分含量标出"**N≥16%　P$_2$O$_5$：0　K$_2$O≥2%　有机质≥20%　腐植酸≥8%**"。用养分含量很低的有机—无机复混肥料混淆尿素（彩图16）。

（3）硫酸铵、氯化铵谎称尿素。近年来以低含量、低价值的硫酸铵、氯化铵混淆尿素的现象比较多见。标出化肥名称为所谓"**赛尿素™　长效大颗粒氮肥**"（彩图12）、"**黑尿素**"（彩图184）就是其中十分典型的例子（详细内容见下面"硫酸铵、氯化铵"一节）。

**3. 养分含量违规标注**

此类"尿素""××尿素"标出的养分含量问题多多。主要是通过改变养分形态、标注格式、计量方法等一系列违规做法，想方设法把氮以外的其他成分标注出来，最终把养分含量数字搞成与正品尿素的氮含量（46%、46.3%、46.4%）几乎一模一样的数字，而真实的氮含量很低，有的还不到合格品尿素的一半。

（1）改变"总氮"称谓，违规标出氮以外的成分。目前常见把"总氮"改变为其他称谓。如"**总含量**"（彩图4、彩图17）、"**总养份**（'份'为错别字，应为'分'）"（彩图184）、"**有效成分**"（彩图10）、"**总指标**"（彩图19）、"**总指标值**"（彩

图 20)、"**铵态氮/总氮**"（彩图 14）、"**提高利用率**"（彩图 12）等多种违规称谓。

问题尿素通过这些概念错谬的称谓混淆了"总氮"的核心内涵，从而把氮以外的其他成分标出，并计入总量。目前标称为"尿素""××尿素"的化肥，标出中微量元素、有机质、氨基酸、腐植酸、黄腐酸已十分常见，有的还标出各色各样的"肽""酶""剂""因子"等与尿素养分不搭边的物料名称。

标注含有"**多肽蛋白酶**""**化肥增效剂**""**防晒因子**"（彩图 6)、"**聚天门冬氨酸**"（彩图 12)、"**聚酶螯合钾**"（彩图 20)，"**锌（Zn）＋钼（Mn）＋铁（Fe）＋铜（Cu）**"（把钼的元素符号错写为锰"**Mn**"）（彩图 17)；有的还匪夷所思地标出"**BASF**""**DA-6**"（彩图 12）等字母。

标称为"控释硫镁尿素"，标出"**总含量：（N25 S18 Mg3.4）≥46.4%**"（彩图 4)。

无执行标准的"多肽尿素"，养分含量标注为"**有效成分≥46%　缓控释长效 N≥20%　S≥8%　生命肽≥6%　原能肽≥6%　植物黄金肽≥6%　缓控释长效剂等适量　有机质≥13%　腐植酸≥10%**"（彩图 10)。

（2）改变养分形态及计量方式。

①改变养分形态。尿素里标出钾、中微量元素已属违规；即使退一步可以标出钾、中微量元素，也必须按规定的化学形态、最低限量要求标注，而现在公开违反这些规定的做法随处可见。

"尿素"标出"**聚肽螯合钾**""**有机硼**""**螯合锌**"，公开违背钾必须折算成氧化钾（$K_2O$）、微量元素必须以单一元素的单质形态标注的规定（彩图 13)。

标称为"**硝尿素**"（彩图 5)，标出"**水溶性氧化钙 15%**"。标出钙已属违规，还把钙标注为氧化物形态就更加违规。

所谓"**晶体尿素**"标出微量元素合计总量，而没有标注单一元素含量（彩图 17)。

②改变计量方式。改变固体化肥以质量百分数计量，违规其他

方式计量，在第一章（D8）已做过简要介绍，这里仅针对问题尿素的违规计量做以下介绍。

第一种形式 采用小数计量养分。以小数方式计量养分，主要出现在问题尿素上。如：

"（N·SO$_3$）≥46.3% （N-SO$_3$）（0.25-0.213）"（彩图3）；

"（N-SO$_3$）≥46.3% （N-SO$_3$）（26-20.3）"（彩图6）；

"（N-Zn·SO$_3$）≥46.3% （N-Zn·SO$_3$）（0.25-0.213）"（彩图2）；

"（N-Mg·Zn·SO$_3$）≥46.3%（N-Mg·Zn·SO$_3$）（0.25-0.213）"（彩图11）。

第二种形式，采用千分数计量。如标称为**"金尿素"**，标出：**"化肥增效剂≥6‰""防晒因子≥5‰"**（彩图6）。

第三种形式，采用 mg/kg 计量。如标称为**"聚肽螯合钾 富锌硼尿素"**，标出**"聚肽螯合钾≥1 000mg/kg" "有机硼≥1 300mg/kg""螯合锌≥1 400mg/kg"**（彩图13）。

第四种形式，直接用重量计量。直接标出肥料里所含物料的重量数，而不是质量百分数。如执行企业标准、名称为**"控释氮肥"**，违规标出**"内含（提高30%～50%肥效的碳酶增效剂3 000 克）内含（土壤调解剂母料 500 克）"**（彩图170）。

③把内部物料分开，分别标注养分。

标称为**"有机尿素"**的化肥，把内部物料人为地分成两部分，一部分标注为**"无机粒 N≥46.3%"**；另一部分标注为**"有机粒 N≥16% 有机质≥15%"**（彩图9）。

④重复计量。标称为**"黑尿素"**，上面标出**"总养份（'份'是错别字，正确是'分'）≥46.4%"**，下面标出**"N：≥25% 尿素态氮：≥16% 铵态氮：≥10.4%"**，明显在重复计量（彩图184）。

改变"总氮"称谓、养分化学形态及采用各种违规形式计量养分，为的就是虚假抬高养分含量数字；如果再凑合成与合格品尿素总氮含量相同的数字，则具有极大的误导性。

### 4. 批准手续的违规

《肥料登记管理办法》规定，凡免登记肥料名录里没有的新型肥料产品，都应该到农业部门办理登记证后才能生产、销售。上述自拟新名称的所谓"××尿素"，都没有真实的肥料登记证号；有个别虽然标出了登记证号，但都涉嫌冒用或虚假。

### 5. 夸大性宣传及"拉大旗"

上述问题尿素随意夸大肥效以及"拉大旗，作虎皮"式的宣传较常见。如：标称"**双氮合一　效果加倍　肥效持久**"（彩图 1）；标称"**缓控释长效**""**100 溶解 100%吸收**"（彩图 2）；标称"**科学配方　肥中精品**"（彩图 4）；标称"**三氮合一　威力无比**""**速效　长效**"（彩图 5）；标称"**××省质量信得过企业**"（彩图 10）。

标称"**摩洛哥×公司授权**"的"**多肽尿素**"，是一个养分含量不达标的劣质产品，却标称是"**国际品牌　值得信赖**"（彩图 11）。

存在多重严重问题的所谓"**金尿素**"，标称"**CCTV ×（某频道）中央电视台上榜品牌**""**中国氮肥领导者**""**中国专业生产高效化肥企业**"，口气之大，令人吃惊（彩图 6）。

### （四）选购尿素提示

凡肥料名称中含有"尿素"字样的化肥，不管对"尿素"名称添加什么修饰词语，也不管其宣传内容多么动人，总氮含量必须达到各类尿素国标、行标规定的最低标明值，达不到者不能购买。

执行国标的尿素，只能标出氮；凡标出氮以外的其他成分，不得视为尿素的养分。执行行标的尿素，只能标出行标规定的成分。凡改变养分名称、养分形态、计量方法的，一般都是问题尿素，因此不要轻易购买。凡是把氮以外的成分与氮合计在一起，凑合成与正品尿素总氮含量相同的数字，以"总氮"的形式标出，就是严重违规的假劣产品，绝不能购买。

## 二、硫酸铵、氯化铵

### （一）硫酸铵、氯化铵基本常识

**硫酸铵**的化学结构分子式（$NH_4$）$_2SO_4$，氮素形态属于铵态氮。硫酸铵执行国家标准，编号为 GB/T 535—1995。

硫酸铵主要质量技术指标：

| 项　目 | 指　标 | | |
| --- | --- | --- | --- |
| | 优等品 | 一等品 | 合格品 |
| 外观 | 白色结晶，无可见机械杂质 | 无可见机械杂质 | |
| 氮（N）（以干基计，%） | ≥21.0 | ≥21.0 | ≥20.5 |
| 水分（$H_2O$,%） | ≤0.2 | ≤0.3 | ≤1.0 |
| 游离酸（$H_2SO_4$,%） | ≤0.03 | ≤0.05 | ≤0.20 |

本技术指标需特别关注要点：①硫酸铵只标注氮含量，不必标出硫含量，更不能标出其他成分。②硫酸铵的氮含量最低标明值≥20.5%，低于此限量者就是不合格品。硫酸铵合格包装标识如彩图195。

硫酸铵性质稳定，是施用很早的氮肥品种（曾称作"肥田粉"）。硫酸铵为白色或微黄色晶体（工业副产品因工艺不同会有别的颜色）。硫酸铵吸湿性小，存放时间长会结块，结块时间过长或受压后难以打碎。硫酸铵是良好的速效氮肥，适宜做基肥（老百姓也称"底肥"）、种肥、追肥。

农业用**氯化铵**的化学结构分子式为 $NH_4Cl$，氮素形态也属于铵态氮。氯化铵执行国家标准，编号为 GB/T 2946—2008。

氯化铵主要质量技术指标：

| 项　目 | 优等品 | 一等品 | 合格品 |
| --- | --- | --- | --- |
| 氮（N）的质量分数（以干基计，%） | ≥25.4 | ≥25.0 | ≥24.0 |
| 水分质量分数（%） | ≤0.5 | ≤1.0 | ≤7.0 |
| 钠盐的质量分数（以 Na 计，%） | ≤0.8 | ≤1.0 | ≤1.6 |
| 粒度（2.0~4.0毫米，%） | ≤75 | ≤70 | — |

注：1. 水分质量分数指出厂检验结果。

2. 钠盐的质量分数以干基计。

3. 结晶状产品无粒度要求，粒状产品至少要达到一等品的要求。

本技术指标需特别关注要点：①氯化铵只标注氮含量，不得标出其他成分。②氯化铵的氮含量最低标明值≥24.0％，低于此值者就是不合格品。

氯化铵中含有较多的氯，但只要肥料名称标注为"氯化铵"就可以不标出氯含量。氯化铵合格包装标识如彩图196。

氯化铵物理性状较好，为白色或微黄色晶体（工业副产品因工艺不同也会有别的颜色）。氯化铵吸湿性比硫酸铵稍大，比硫酸铵容易结块，若结块时间长或受压后难以打碎。

氯化铵是较好的速效氮肥，适宜做基肥、追肥，不宜做种肥。因为在种子附近如果有过量的氯离子会对种子幼芽有害。一些对氯敏感的作物（如烟草等作物），幼苗期要严格控制用量。盐碱地也不宜过量施用氯化铵。

### （二）硫酸铵、氯化铵快速定性识别

**1. 看外观**

硫酸铵、氯化铵一般呈白色或淡黄色，工业副产品因工艺不同有灰白色、浅黄色、浅绿色等颜色。硫酸铵为小颗粒结晶，氯化铵为细小块状或小颗粒结晶。

**2. 闻气味**

硫酸铵略有酸味，有的有煤气味。氯化铵一般无气味，有的略带刺激性气味，工业副产品常有异味。

**3. 水溶试验**

硫酸铵易溶于水，在室温（20℃左右）条件下，1千克水中能溶解硫酸铵0.75千克，水温没有明显变化。氯化铵易溶于水，在室温（20℃左右）条件下，1千克水中能溶解氯化铵0.37千克，水温略有降低（可用上述实验尿素水温的方法对比）。

用测pH的广范试纸（一般化学品商店有售，很便宜，下同），取一条试纸蘸一点溶液观察，两种化肥都呈现微红色（说明溶液稍显酸性）。

**4. 与碱性物质反应**

用上述尿素与碱性物质进行反应的方法试验，硫酸铵、氯化铵

立刻有明显的氨味放出来。

**5. 灼烧**

把少量硫酸铵、氯化铵放在烧红的铁板上，硫酸铵会逐渐熔化，肥料颗粒在铁板上蹦跳，并出现"沸腾"状、冒白烟，放出氨味，有残留灰烬；氯化铵也会出现"沸腾"状、冒大量白烟，有较强烈的氨味和盐酸味，无残留灰烬，用玻璃片接触白烟，玻璃上出现雾状物。

**6. 铜片试验**

用识别尿素所用的铜片的方法，把少量硫酸铵放在铜片上灼烧，有强烈的氨味放出，若继续强火灼烧，则有刺鼻的二氧化硫气味产生。把氯化铵放在铜片上灼烧，有强烈的氨味放出，火焰呈耀眼的白光，并带有绿色。

**（三）硫酸铵、氯化铵常见违规标识快速识别**

硫酸铵、氯化铵养分单一、含量较低、价格也低（工业副产品价格更低），目前还没有见到别的肥料来假冒；相反的是有人用硫酸铵、氯化铵假冒或混淆别的化肥。

**1. 硫酸铵改名**

标注硫酸铵标准、违规名称"**稀土硫酸铵锌**"，养分含量疑似用配合式标出数字"**21-6-24**"，旁边却没有养分名称；还违规标出"**稀土≥0.05%　富含 DA6、钙、镁、铁、锰、硼**"等成分（彩图21）。

标注硫酸铵标准、违规名称"**黑尿素**"，违规重复计量氮含量，凑成与优等品尿素总氮含量"**46.4%**"；还夸大性宣传能"**抗板结拯救土壤**"（彩图184）。

标注硫酸铵标准，标出的"**N≥20%　S≥24%**"，却没有标出硫酸铵名称，反而标出荒谬的疑似名称"**养根剂**"或"**孙立文养根剂**"；还违规标出了："**B+Zn+Mn+Cu+Fe=8%　多肽　双酶聚碳酶　改性菌　黄腐酸钾**"一长串其他成分。就是这样一个问题化肥，竟标出"**国家五项发明专利**"（彩图 22）。

近年来市场上出现不少标称为"**晶体尿素**"的化肥。乍一听似乎是一个新型肥料。仔细一看原来此类"晶体尿素"标出的氮、硫正好硫酸铵的含量吻合。把硫酸铵标称为"晶体尿素",无一例外标出了氮以外的其他成分,最后都凑合成与合格品尿素总氮含量相同、相近的数字。这样就用低含量、低价值硫酸铵冒充了高含量、高价值的尿素(彩图 17、彩图 19、彩图 20)。

**2. 氯化铵改名**

近年来一些宣传中对氯的危害面说得很严重(其实氯也是作物生长必需的营养元素,在一些条件下只要不过量施用也有较好效果。此议题这里不做深入讨论)。一些人甚至有点谈"氯"色变。因此,一些生产者纷纷改换氯化铵名称,回避那个可怕的"氯"字。

如标称为"**大颗粒氮肥**"就是一个十分典型的例子。该产品标注执行氯化铵国家标准,氮含量也符合氯化铵的标准要求,但却不标注"氯化铵"名称,而违规以"大颗粒氮肥"代之,但违规没有标出"氯"含量(彩图 23)。

某化肥用极小字号体在最下面标出氯化铵标准,直接用文字商标与小号字组成"**赛尿素™长效大颗粒氮肥**"来混淆、仿靠尿素名称。养分含量标注多项严重违规:①用"**提高利用率**"来混淆"总氮含量";②标出氯化铵并不含有的许多其他成分,其中"**BASF**"没有文字说明,使人无法知道到底是什么物料;③违规用千分法标注含量"**聚天门冬氨酸≥3‰　DA-6 10‰**";④最终同样凑合成与正品尿素总氮含量相同的数字"**≥46.3%**"。本化肥鼓吹含"**硝态氮:吸收快　促早熟/铵态氮:不脱肥　保后期/基施　穴施　追施均可**"(氯化铵里含有"硝态氮"?),具有"**五大功效:(现场验证)/保水松土　生根壮杆　抗倒伏/激活土壤　长效不脱肥/打破睡眠　使作物迅速返青/追肥底肥均可　肥效持久/新工艺新配方　富含多种营养元素**"。可以说,本化肥是以低价值化肥冒充高价值化肥的"**典范**"(彩图 12)。

**(四)选购硫酸铵、氯化铵提示**

凡标出硫酸铵、氯化铵名称和(或)硫酸铵、氯化铵执行标准的化肥，如果标出氮以外的其他成分就疑似违规，要结合包装标识其他内容综合判断；如果总氮含量未达到标准规定的最低标明值，就可立即判定为不合格产品，不能购买；如果再标称为"××尿素"，则是性质非常严重的假冒产品，绝不能购买。

### 三、脲铵氮肥

脲铵氮肥是尿素态氮（即酰胺态氮）肥和铵态氮肥的混合物。铵态氮肥养分释放速度快，尿素态氮肥养分释放速度稍慢。这两种不同形态的氮肥混合在一起，可以延长氮养分释放时间，在一定程度上可以提高肥效和化肥利用率，具有较好的协同效应。

#### （一）脲铵氮肥基本常识

脲铵氮肥执行行业标准，编号为 HG/T 4214—2011。

脲铵氮肥主要质量技术指标：

| 项　目 | | 指　标 |
|---|---|---|
| 总氮（N）的质量分数（%） | | ≥26.0 |
| 尿素态氮的质量分数（%） | | ≥10.0 |
| 铵态氮的质量分数（%） | | ≥4.0 |
| 水分（$H_2O$）的质量分数（%） | | ≤2.0 |
| 粒度（粒径 1.00～4.75mm 或 3.35～5.60mm，%） | | ≥90.0 |
| 缩二脲的质量分数（%） | | ≤1.5 |
| 中、微量元素的质量分数（以单质计，%） | 标识微量元素（单一元素） | ≥0.02 |
| | 标识中量元素（单一元素） | ≥2.0 |
| 氯离子的质量分数（%） | 未标"含氯"的产品 | ≤3.0 |
| | 标识"含氯（低氯）"的产品 | ≤15.0 |
| | 标识"含氯（低氯）"的产品 | ≤30.0 |

注：1. 尿素态氮、铵态氮的测定值与标明值负偏差的绝对值不应大于 1.5%。

2. 水分以出厂检验数据为准。

3. 特殊形状或更大颗粒（粉状产品除外）产品的粒度可由供需双方协议确定。

4. 包装容器标明含有钙、镁、硫、铜、铁、锰、锌、钼、硼时检测本项目。

5. 氯离子质量分数大于 30% 的产品，应在包装袋上标明"含氯（高氯）"，标明"含氯（高氯）"的产品，氯离子的质量分数可不做检验和判定。

本技术指标需特别关注要点：①脲铵氮肥养分最低标明值为氮含量≥26.0%，其中尿素态氮≥10.0%，铵态氮≥4.0%。②脲铵氮肥可以添加中、微量元素并标出，标出的中量元素单一元素最低标明值≥2.0%，微量元素单一元素最低标明值≥0.02%；低于此最低标明值的不可标出。③脲铵氮肥对微量元素"氯"的标注做了明确的分级要求。脲铵氮肥合格包装标识如彩图197。

### （二）脲铵氮肥快速定性识别

脲铵氮肥是尿素与铵态氮肥混合物（铵态氮主要来源于硫酸铵和氯化铵），所以可以用上述检验尿素与硫酸铵、氯化铵的方法进行简单的定性识别。

### （三）脲铵氮肥常见违规标识快速识别

问题脲铵氮肥通常会把脲铵氮肥名称修饰或改拟成其他名称，进而违规标注养分含量，来误导消费者。

**1. 添加其他疑似肥料名称**

标注脲铵氮肥标准、也标出了"脲铵氮肥"字样，却在上面添加了疑似肥料名称**"双铵螯合缓控释钾铵"**字样。此疑似肥料名称概念混乱，且带有脲铵氮肥不可能含有的成分"钾"，似乎要与下面违规标出的**"黄腐酸钾≥10%"**相对应。未按标准规定标明尿素态氮和铵态氮的含量。标出的**"特别添加：钙、锌、硼、铁、镁等微量元素"**，犯下了两个错误：其一是把钙、镁划入微量元素，属于低级错误，其二是只标出中微量元素名称却未标注其含量。**"撒施不用埋　丢施不怕晒"**则属于不实宣传（彩图24）。

**2. 违规自拟其他肥料名称**

此类化肥标注执行脲铵氮肥标准，但未标出"脲铵氮肥"字样，却违规自拟了其他错误的肥料名称。

一种标注为"螯合双铵"的化肥，该肥料养分含量违规标出**"黄腐酸钾≥10%　黄腐酸铵≥30%"**；违规改变养分计量方式，用千分法形式标注养分含量，标出**"Zn≥4‰"**；违规改变养分形态，标出**"（螯合态）钙＋镁＋锌＋硼＋铜＋铁≥12%"**，锌还存在重复计量的问题；同样不忘夸大性宣传为"免深耕　抗重茬　防病害调土壤""持久提供植物所需养分"（彩图 25）。

无通用名称，用"**六元素®**黄腐酸钾氮肥"文字商标与小号字体（"黄腐酸钾氮肥"概念）来混淆肥料名称；养分含量多项违规标注，氮养分标出值（25%）达不到最低标明值（26%）（彩图 26）。

标出违规名称"**螯钾金铵**"，氮含量标出值（23%）不达标；违规标出"**螯合黄腐酸≥18%**""**秸秆腐熟剂 增效剂≥2%**"，中微量元素无单一元素含量，无登记证号（彩图 27）。

### （四）选购脲铵氮肥提示

凡标注脲铵氮肥执行标准，却未标出脲铵氮肥名称的化肥，就要引起格外注意，要结合别的标注的其他内容综合进行判断。

凡标称为脲铵氮肥，其总氮 尿素态氮、铵态氮含量及标出的单一中、微量元素未达到规定的最低标明值的，都属于不合格产品，均不能购买。

# 第二节 磷 肥

磷肥的品种较少，最常用的主要有过磷酸钙、钙镁磷肥、重过磷酸钙等。现在问题较多的是过磷酸钙，这里只对其做简单介绍。

### （一）过磷酸钙基本常识

过磷酸钙，也称普通过磷酸钙，简称普钙。过磷酸钙是磷酸二氢钙和硫酸钙的混合物，其化学结构分子式 $[Ca(H_2PO_4)_2 \cdot H_2O + CaSO_4]$；执行国家标准，编号为 GB/T 20413—2017。目前过磷酸钙有疏松状和粒状两种形状的产品。

疏松状过磷酸钙主要质量技术指标：

| 项 目 | 优等品 | 一等品 | 合格品 I | 合格品 II |
|---|---|---|---|---|
| 有效磷（以 $P_2O_5$ 计）的质量分数（%） | ≥18.0 | ≥16.0 | ≥14.0 | ≥12.0 |
| 水溶性磷（以 $P_2O_5$ 计）的质量分数（%） | ≥13.0 | ≥11.0 | ≥9.0 | ≥7.0 |
| 硫（以 S 计）的质量分数（%） | ≥8.0 | | | |

（续）

| 项 目 | 优等品 | 一等品 | 合格品 | |
|---|---|---|---|---|
| | | | I | II |
| 游离酸（以 $P_2O_5$ 计）的质量分数（%） | | $\leqslant 5.5$ | | |
| 游离水的质量分数（%） | $\leqslant 12.0$ | $\leqslant 14.0$ | $\leqslant 15.0$ | $\leqslant 15.0$ |
| 三氯乙醛的质量分数（%） | | $\leqslant 0.0005$ | | |

**粒状过磷酸钙主要质量技术指标：**

| 项 目 | 优等品 | 一等品 | 合格品 | |
|---|---|---|---|---|
| | | | I | II |
| 有效磷（以 $P_2O_5$ 计）的质量分数（%） | $\geqslant 18.0$ | $\geqslant 16.0$ | $\geqslant 14.0$ | $\geqslant 12.0$ |
| 水溶性磷（以 $P_2O_5$ 计）的质量分数（%） | $\geqslant 13.0$ | $\geqslant 11.0$ | $\geqslant 9.0$ | $\geqslant 7.0$ |
| 硫（以 S 计）的质量分数（%） | | $\geqslant 8.0$ | | |
| 游离酸（以 $P_2O_5$ 计）的质量分数（%） | | $\leqslant 5.5$ | | |
| 游离水的质量分数（%） | | $\leqslant 10.0$ | | |
| 三氯乙醛的质量分数（%） | | $\leqslant 0.0005$ | | |
| 粒度（1.00～4.75mm 或 3.35～5.60mm）质量分数（%） | | $\geqslant 80$ | | |

本技术指标需特别关注要点：①过磷酸钙的磷（$P_2O_5$）含量最低标明值≥12.0%，低于此限量者即为不合格品。②过磷酸钙的磷（$P_2O_5$）含量是指有效磷，不是全磷。

过磷酸钙生产要有生产许可证，因此包装物上必须标注生产许可证编号。过磷酸钙合格包装标识如彩图 198。

过磷酸钙是一种速效性磷肥，适用于多种农作物。

**（二）过磷酸钙快速定性识别**

市场上假冒过磷酸钙的主要有磷石膏、钙镁磷肥、废水泥渣等。快速定性识别方法如下：

**1. 看外观、闻味道**

疏松状过磷酸钙外观为深灰色、灰白色、浅黄色等疏松粉状物，颜色均匀一致，一般无杂色，无大型体杂质；块状过磷酸钙中有许多细小的气孔，俗称"蜂窝眼"（过磷酸钙的一大特征）。过磷酸钙可闻到淡淡的酸味。

磷石膏为灰白色的六角形粒状结晶或晶状粉末，无酸味。钙镁磷肥无酸味。废水泥渣为灰色粉粒状，无光泽，无酸味。

若发现过磷酸钙中有土块、石块、煤渣等明显的杂质，则为劣质品。若发现酸味过浓、水分较多的，则可能是未熟化好的非成品；若有特别刺鼻的怪味，则说明在生产过程中加入了废硫酸，这种化肥有较大毒性，容易损伤或烧死作物。

**2. 验手感**

过磷酸钙质地重，手感绵中有涩、但不轻浮。

磷石膏质地轻，手感粗糙，比较干燥。钙镁磷肥是很干燥的玻璃质细粒或细末状。废水泥渣质地重，为灰色粉粒状，手感不腻、不绵，有较多坚硬颗粒。

**3. 水溶试验**

过磷酸钙部分溶于水。取少量过磷酸钙放入透明杯中，加入少量水，摇动片刻，放置3～5分钟，可以看到过磷酸钙的固体量减少，说明有部分已溶解于水中。用一条广范试纸蘸一点上清液，试纸立刻变为红色，说明溶液为酸性（过磷酸钙又一重要特征）。

有条件的用户还可以在过磷酸钙中加入盐酸进行反应。过磷酸钙没有气泡产生，而上述其他几种物料有气泡产生。

其他几种物料溶解性很差或干脆不溶解，多显碱性；废水泥渣假冒的"过磷酸钙"，加水后成浆，并重新凝固。

**（三）过磷酸钙常见违规标识快速识别**

相对来讲，目前假冒磷肥的现象较少。所见的几种问题普钙，也存在违规自拟化肥名称、批准手续不全、养分含量违规标注、夸大性宣传、"拉大旗"等问题。

**1. "有机磷肥"**

一种肥料名称违规用"阴阳脸"方法在正面标注为"有机磷

肥"，背面中又标注为"**含氨基酸有机磷肥**"，而两个名称都是违规的。一般有机态磷中的有效磷含量极低，且不能被作物直接吸收，因此不能作为肥料。标注执行企业标准，却没有登记证号（背文中标出的许可证号也令人质疑），属于批准手续不全。背面标出本产品"**不仅含有丰富的磷、氨基酸、有机质、腐植酸，而且含有氮、硫、钾等多种营养元素**"。"有机磷肥"标出含有"氮、钾"就已很荒谬，退一步讲，即使允许标出，也必须标明单一元素含量，因为这些养分都有单一元素最低标明值要求（彩图 29、彩图 30）。

**2."生物酶活性磷肥"**

标出违规名称的"**生物酶活性磷肥 新型矿物肥料**"，标注执行企业标准的化肥，既无登记证号，也无许可证号，属于无证生产。更为奇特的是竟然标出"**全磷≥16％**"，而不是规定的"**有效磷**"。本肥料标出"**钙镁硫≥20％**"，无单一元素含量；还违规标出"**抗重茬 H 粉（进口）≥1％ 有益活性菌 2 亿/千克 土壤活化剂≥10％ 生根粉≥2％**"，以及"**免深耕 抗重茬 消酸除盐 培肥地力**"等夸大性宣传内容（彩图 31）。

据报道：市场上还出现标为"**游离酸钙**""**多肽磷**""**磷锌酸钙**""**腐植酸磷钙**""**有机活性磷**"等名称的假冒磷肥，全部标注执行企业标准，而无肥料登记号和生产许可证号。这类产品大都是用化工废弃物假冒，基本不含多少水溶性磷，有的只含有很少一点弱酸溶性磷，有的重金属含量很高。此类假冒产品如果施到土壤中，不但没有什么肥效，还可能起到破坏作用。

**（四）选购过磷酸钙提示**

标称为普通过磷酸钙的产品，必须是标出国家标准、许可证号，有效磷（$P_2O_5$）必须≥12％的产品。凡未达此要求者，都是不合格产品，不宜选购。"阴阳脸"标注为"有机磷肥""含氨基酸有机磷肥"，以及"生物酶活性磷肥"一类磷肥，其肥料名称违背了肥料最基本的化学常识，且没有相应的批准手续，养分含量标注存在严重问题，因此不能购买。

# 第三节　钾　肥

"钾肥"是对所有以钾元素为主要营养元素肥料的统称，如氯化钾、硫酸钾、窑灰钾肥、草木灰等。每一种具体品种的钾肥，其性质、含量、适宜对象、使用方法会有一定的差别。在相对缺钾的土壤及需钾量较大的农作物上增施钾肥，能显著提高产量和改善品质，因此其用量逐年大幅度增加。这里介绍目前最常用的、出现问题最多的氯化钾和硫酸钾，以及目前炒得很"热火"的"黄腐酸钾"。

## 一、氯化钾、硫酸钾

### （一）氯化钾、硫酸钾基本常识

**1. 氯化钾**

氯化钾的化学结构分子式为 KCl，执行国家标准，编号为 GB/T 6549—2011。

农业用氯化钾主要技术指标：

| 项　　目 | 指　　标 | | |
| --- | --- | --- | --- |
| | 优等品 | 一等品 | 合格品 |
| 氧化钾（$K_2O$）的质量分数（%） | ≥60 | ≥57 | ≥55 |
| 水分（$H_2O$）的质量分数（%） | ≤2 | ≤4 | ≤6 |

注：除水分外，各组分质量分数均以干基计

本技术指标需特别关注要点：①氯化钾的氧化钾（$K_2O$）含量最低限量为≥55%，低于此限量者即为不合格品。②氯化钾的钾含量是指氧化钾（$K_2O$）含量，而不能是其他形态的钾。

氯化钾物理性状比较稳定，适宜做基肥、追肥，做种肥时要注意适当控制用量。大多数作物使用氯化钾都有良好效果，在少数对氯敏感的作物上施用要注意用量适当。氯化钾养分含量高，价格相对较低，施用后效果显著，是目前使用量最大的钾肥，也是被仿冒较多的化肥品种。

氯化钾合格包装标识如彩图 199。

### 2. 硫酸钾

硫酸钾的化学结构分子式 $K_2SO_4$，执行国家标准，编号为 GB/T 20406—2017。

农业用硫酸钾主要技术指标：

| 项 目 | 粉末结晶状 | | | 颗粒状 | |
|---|---|---|---|---|---|
| | 优等品 | 一等品 | 合格品 | 优等品 | 合格品 |
| 氧化钾（$K_2O$）的质量分数（%） | ≥52 | ≥50 | ≥45 | ≥50 | ≥40 |
| 硫（S）的质量分数（%） | ≥17 | ≥16 | ≥15 | ≥16 | ≥15 |
| 氯离子（$Cl^-$）的质量分数（%） | ≤1.0 | ≤2.0 | ≤2.0 | ≤1.5 | ≤2.0 |
| 水分（$H_2O$）的质量分数（%） | ≤1.0 | ≤1.5 | ≤2.0 | ≤1.5 | ≤2.5 |
| 游离酸（以 $H_2SO_4$ 计）的质量分数（%） | ≤1.0 | ≤1.5 | ≤2.0 | ≤2.0 | ≤2.0 |
| 粒度（粒径 1.00～4.75 毫米或 3.35～5.6 毫米）（%） | — | — | — | ≥90 | ≥90 |

本技术指标需特别关注要点：①硫酸钾氧化钾（$K_2O$）含量最低标明值≥45.0%，低于此限量者即为不合格品。②硫酸钾的钾含量同样是指氧化钾（$K_2O$）含量，而不能是其他形态的钾量。

硫酸钾物理性状很稳定，适宜各种作物使用，有很好的效果；做基肥、种肥、追肥都可以，特别是用在喜钾又喜硫的作物上效果显著。硫酸钾的钾含量比氯化钾低，但售价比氯化钾高。硫酸钾合格包装标识如彩图 200。

前面已多次介绍，国家标准规定钾肥里各种形态的钾都要折算成氧化钾（$K_2O$）标注。明白这一点很重要，因为好多问题钾肥常常在这一点上违规。

我国的钾资源相对缺乏。近年来国产钾肥逐渐增加，但每年还要进口较大数量的钾肥。一些人正是瞄准了这一点，常常在这方面大做文章。

## （二）氯化钾、硫酸钾快速定性识别

### 1. 看外观

氯化钾外观为结晶体。国产的氯化钾多为白色或略带淡黄色；进口的氯化钾有多种颜色，通常中西欧的多为白色，加拿大的多为红色，俄罗斯的多为红白相间的颜色。为方便机械化施肥或用作掺混肥料原料，现在有的厂家把进口的结晶状氯化钾挤压成不规则颗粒。颗粒常略有光泽、多呈较浅红色（彩图 209）；而假、劣颗粒红钾多为掺入红泥等一类物料制成，因此颜色多为暗红色、深红色，且无光泽（彩图 210）。

硫酸钾为白色结晶。现在有厂家把结晶状硫酸钾挤压成不规则颗粒，多呈灰白色。

### 2. 水溶试验

氯化钾很容易溶于水。取少量氯化钾，放入干净的玻璃杯中，加入氯化钾重量 10～15 倍的净水，充分搅拌。优等品氯化钾能全部溶解、无渣质，且溶液清澈透明、无杂质。凡不能溶解或大部分不能溶解的就是假品；凡溶解液严重浑浊、呈现粥状、有较多泥土沉淀的是劣质品（这是识别假、劣氯化钾的有效方法）。

硫酸钾能溶于水，但溶解速度比氯化钾慢，颗粒状硫酸钾溶解速度更慢。用溶解氯化钾的方法试验硫酸钾，优等品硫酸钾能全部溶解，且溶液比较清亮，无杂质（颗粒硫酸钾有极少量渣质）；凡不溶解的就是假货，溶解液有较多泥土样沉淀的是劣质品或假品。

取一条 pH 广范试纸蘸此溶液，正品氯化钾纸条颜色不变或微微变红；优等品和一等品硫酸钾纸条为红色，合格品的硫酸钾纸条为蓝色。

### 3. 吸湿性

氯化钾有较强吸湿性，在潮湿的环境中，将少量晶体氯化钾放在器皿里过夜，第二天会明显"出水"。

硫酸钾基本没有吸湿性，即使在比较潮湿的环境，硫酸钾仍可保持原样（这一点与氯化钾的区别很明显）。

**4. 灼烧**

把正品氯化钾、硫酸钾放在烧红的铁板或炭火上，不燃烧，会发出"噼啪"的爆裂声。

**5. 铜丝试验**

用上述方法处理的洁净铜丝（或电炉丝），蘸取少量氯化钾、硫酸钾溶液，放在白酒火焰或酒精灯上灼烧，通过蓝色玻璃片，可以看到紫色火焰。

前些年曾有人用红砖或其他物料染红冒充进口红色钾肥。综合运用上述方法就可以快速定性识别。

**（三）氯化钾、硫酸钾常见违规标识快速识别**

目前问题钾肥比较多见，常常打着"高钾"的旗号，实际上是用其他物料混淆氧化钾，虚假提高钾含量数据，而其氧化钾真实含量很低。主要有虚假进口钾肥和自拟违规名称的问题钾肥。

**1. 虚假进口钾肥**

我国是钾肥进口国。现在一些问题钾肥竭尽全力"染黄头发装老外"。这些虚假进口钾肥，标出外国国名（地名）、外国公司名称，却未标出进口合同号（或以进出口企业代码来混淆）；而最核心的氧化钾含量却达不到最低标明值。大致有以下两种形式。

（1）假冒正品**"氯化钾""硫酸钾"**。此类钾肥用特大号字、在醒目位置标出"氯化钾""硫酸钾"名称，包装标识的其他主要内容也都在常规位置标注。外观上与常见的正品氯化钾、硫酸钾几乎没有差别。只有仔细观察才能发现，这些钾肥在肥料名称"氯化钾""硫酸钾"旁边，用很容易忽略的小号字体标出修饰词语；标识的其他主要内容存在严重错误，特别是氧化钾含量远远达不到最低标明值，却全部标注为进口产品。

一种标称为**"原料国　加拿大"**、由国内**"××国家化肥进出口集团（××）股份有限公司代理进出口""中国灌装商：××肥料有限公司"**的**"氯化钾　多元素　红色"**，氧化钾含量标明值仅为**"20％"**，又违规标出**"Ca. Mg. Fe≥40％"**，还把两者合计在一起，违规用**"总含量≥60％"**的数字来混淆氧化钾含量（彩图 32）。

一种标称"**钾肥原产国：加拿大**"，由"**加拿大钾肥（中国）有限公司**"生产的"**氯化钾　多元素钾肥**"，上面用大号字标出违规称谓"**氯化钠钾≥60％**"来混淆氧化钾含量，下面用小号字标出"$K_2O≥22％$"，夹缝里标出"**S＋MgO＋Na≥8％**"违规内容（彩图33）。

用特大号字在最上面标出"**俄罗斯**"字样，标称"**生产商：乌拉尔钾肥股份公司**"、产于"**俄罗斯**"某地，授权"**山东××肥业有限公司**"的"**（二铵搭档）　硫酸钾**"，氧化钾标明值只有33％，远低于国家标准的最低标明值（彩图34）。

此类假冒的进口氯化钾、硫酸钾，几乎可以达到以假乱真的地步，具有极大的欺骗性。

（2）标有外国国名、公司名的钾肥。此类钾肥不再标出"氯化钾""硫酸钾"，而是自拟了别的肥料名称；标出外国国名或带"洋味"公司名称、钾肥名称，以此来"装洋相"。包装标识的主要内容存在多项违规，大都是氧化钾含量很低的劣质产品。

标称"**美国独资**"的国内"**×××化肥有限公司**"的产品"**补钾素　钾肥**"，执行企业标准、无肥料登记证号；用进出口企业代码号混淆进口合同号；用"**水溶物≥50％**"来混淆氧分含量，是氧化钾标明值仅20％的劣质肥料（彩图35）。

肥料名称自拟为"**英联国际®　多元素钾肥**"，标出"**英联国际化学品（国内某城市名）有限公司**"企业名称及"**进出口企业代码：××××**"。该化肥无执行标准、无进口合同号；标出的中微量元素名称，没有标注单一元素养分含量；还标出"**具有提高肥料利用率，活化土壤，增加产量，改善品质等功效**""**英联国际　全球共享**"一大堆夸大性宣传内容，原来却是"**营养成分：钾≥33％**"的劣质肥料（彩图40）。

标出"**美国哈佛农丰国际化肥科技公司**"的"**美国红钾王**"，宣称"**本产品符合国际肥料标准**"，用"**本品含量≥60％**"违规称谓来混淆氧化钾含量；至于"**本品含量**"是什么具体营养成分，连名称及分含量统统没有标注（彩图41）。

标出国内某公司的"**美国钾宝**"存在的问题极具代表性。①肥料名称违规,"美国钾宝"不可以作为肥料名称,并明显属于傍靠"洋名"。②标注非肥料产品的执行标准,这是十分罕见的严重问题。③标出的有效养分少的可怜,只有16%的氮、4%的磷,其余都是本化肥不应有的物料名称。④夸大性宣传为"**调理土壤 解磷解钾 抗病防冻**""**鱼蛋白高活性**""**广谱型**""**该产品渗透性强、肥效高、见效快、单独使用可确保丰收、不用再施其他肥料**"。如果有人真的相信而照此施肥,遭受严重损失将确定无疑(彩图42)。

此外一些国内公司生产的水溶肥料(包括桶装肥料),肥料名称中标出外国国名和"钾"冒充进口钾肥的情况比较多见。如"**美国钾王**"(彩图44)。

**2. 自拟违规名称的问题钾肥**

现在自拟的钾肥名称可谓"丰富多彩"。有人形象地称之为"各种钾肥闯天下"!如"**颗粒钾肥**"(彩图36)、"**黄金钾**"(彩图38)、"**有机钾肥**"(彩图39)、"**古米甲**"(彩图45)、"**求实钾宝**"(彩图68)、"**高钙钾宝**"(彩图158)等。

如前所述,"钾肥"是对所有以钾元素为主要营养成分一类肥料的统称,并不是某种具体化学形态钾肥的名称;"颗粒钾肥"不过是在"钾肥"的统称之上增加了对外部形态的描述,同样不能作某一具体品种的钾肥名称。这些自拟的名称,违背了化肥名称是其"真实属性的专用名称"这一最基本的原则,有的概念糊涂,有的内容虚无,有的错谬,有的则是故弄玄虚,明显有夸大肥料功效之嫌。更为严重的是,此类"钾肥"大都存在多项违规标注、而且是明显的劣质产品。

某化肥标称为"**颗粒钾肥**",标出的氧化钾仅为"**20%**",并违规以氧化物形态标出镁与钙,来虚高养分含量数据;却吹嘘本化肥"**源于自然 品质优良**",其背文中更是标出"**本产品是以钾、镁、硫、钙、锰等大中微量元素为主要成份('份'是错别字,正确是'分')添加世界稀有的纳米级多孔道非金属矿物质,科学配方,**

利用先进工艺精制而成的颗粒肥料""本产品是补充作物钾素和镁、硫、钙等元素最理想的化肥品种"（彩图 36、彩图 37）。

标称为"**黄金钾**"只标出的中微量元素名称，却没有标注单一元素养分含量，氧化钾含量为"**20%**"，却胆敢标称为"**强力二铵伴侣**"（彩图 38）。

标称为"**有机钾肥**"，违规标出一长串养分名称，其中还莫名其妙地标出"**腐植酸、有机质、氨基酸**"，却没有明确的氧化钾含量，反而标称是"**最新高科技产品**"（彩图 39）。

标称为"**纳米黄金钾**"的化肥，竟然没有标注任何养分及含量方面的内容，连执行标准也没有标注（彩图 43）。

上述自拟名称的钾肥大都执行企业标准，按照规定需要办理肥料登记证，但是都没有合格的肥料登记证号，存在批准手续问题。

## （四）选购氯化钾、硫酸钾提示

凡标称为"氯化钾""硫酸钾"的化肥，只要其氧化钾含量没有达到氯化钾、硫酸钾规定的最低标明值，就是问题产品，不能购买。

凡自拟其他名称的钾肥，要结合各项标注内容综合判断，在没有搞清楚之前不要轻易购买。

要特别留心察验标有外国国名地名、外国公司名称的疑似进口钾肥，按照第一章中 G 介绍的判断进口化肥包装标识的"三项规定"，认真加以识别。在没有彻底搞清楚之前切莫轻易购买。

## 二、黄腐酸钾

黄腐酸钾是目前近年来很受追捧的一种肥料。许多大、小包装化肥都标注内含"黄腐酸钾"，或干脆用"黄腐酸钾"作为肥料名称。这方面存在较多问题，有必要列专题进行介绍。

## （一）黄腐酸钾基本常识

腐殖酸是动、植物遗骸（主要是植物的遗骸），经过微生物的分解和转化，以及地球化学、物理的一系列长期变化，积累起来的一类大分子有机弱酸混合物。根据其在溶液中的溶解度和颜色不同，分为黑腐酸、棕腐酸、黄腐酸等类别。腐殖酸广泛存在于土壤、泥炭、褐煤和风化煤、堆肥、厩肥、部分工业废液中。不同的原料中腐殖酸含量差别很大，低的仅 1％ 左右，高的可达 60％ 以上。工业化生产一般以含腐殖酸较高的泥炭、褐煤、风化煤等为原料（现在常被称作"矿源腐殖酸"）。这些原料中黑腐酸所占比例最大，棕腐酸次之，黄腐酸比例很小，有的原料中黄腐酸几乎为零。

近些年来以植物渣体为原料，经生物发酵，成功制取类似矿源黄腐酸的物质，被称作"生化黄腐酸"。

**农业用腐殖酸钾**主要以矿物源腐殖酸（泥炭、褐煤、风化煤等）为原料，在一定条件下，与氢氧化钾（KOH）进行化学反应后制成。执行标准为 GB/T 33804—2017。

农业用腐殖酸钾主要技术指标：

| 项　目 | | 优等品 | 一等品 | 合格品 |
|---|---|---|---|---|
| 可溶性腐殖酸含量（％） | ≥ | 60 | 50 | 40 |
| 氧化钾（$K_2O$,％） | ≥ | 12 | 10 | 8 |

因为腐殖酸原料中的黄腐酸含量极少；所以生成的腐殖酸钾中的黄腐酸钾含量同样极少；能够从腐植酸（或腐植酸钾）中分离出纯度较高的黄腐酸（或黄腐酸钾）量更是少之又少。

农业用黄腐酸钾以及近年来出现的标称为"生化黄腐酸钾"的产品，目前都没有国家标准或行业标准；另外在检验方面还存在一些技术问题。这些都是黄腐酸钾市场混乱的原因。

目前普通的腐殖酸钾售价每吨多为数千元，随纯度提高价格急速上涨，纯度较高的腐殖酸钾每吨超万元并不罕见。黄腐酸钾的价格更是高得惊人。以 2018 年 3 月内蒙古农博会展位上的一种黄腐酸钾为例，标出的"黄腐酸含量 50％，氧化钾 12％"，批发价折算后每吨 10 万元（400 克包装卖 40 元）。据业内人士介绍，有的黄腐酸钾吨价已达数十万元甚至更高。

由上述基本常识可见，纯度高的黄腐酸钾价格如此昂贵，因此多用作拌种、蘸根、浸种、喷施等小包装肥料上，一般不会用在大宗肥料中。

**（二）黄腐酸钾常见违规标识快速识别**

目前的"黄腐酸钾"市场比较乱。一些标出含有黄腐酸钾的化肥，或者肥料名称直接标注为"黄腐酸钾"的大包装化肥，存在不少问题。

**1. 肥料名称、执行标准、养分**

有的化肥只标注含有"黄腐酸钾"，却没有标出其含量数据（彩图119、彩图128）；有的标出了"黄腐酸钾"及含量数据，而没有按规定标出氧化钾（$K_2O$）含量数字（彩图121、彩图129）。此类违规现象前面已经多次介绍，这里不再重复。

现在最为严重的是，一些清楚标注执行有机肥料标准（NY525—2012）的肥料，肥料名称竟标注为"黄腐酸钾"。

某种标注有机肥料标准的"黄腐酸钾"，随心所欲标出糊涂概念"铀能钛"，违规标注养分为"黄腐酸钾≥80%　$N+P_2O_5+K_2O$≥14%　有机质≥65%　黄腐酸≥30%　蛋白质≥22%　钙、镁、硫、铁、锰、锌等中微量元素适量"（彩图46）。

某种肥料标注执行有机肥料标准，醒目位置大号字标出名称**"多肽黄腐酸钾"**，却又用小号字标出**"生物肥料"**。养分含量标注多重违规：既标出**"氮磷钾""有机质""有效活菌数≥0.2亿/克"**，又标出的**"内含：生化黄腐酸钾　枯草芽孢杆菌　胶动芽孢杆菌"**（未标含量数据），还标出多种微量元素（彩图47）。

另外一些把通用名称"有机肥料"采用缩小、淡化、遮隐、移位等方法使之模糊化，而把**"黄腐酸钾"**字样的名称放大，排在醒目的位置。养分含量同样多有违规标注。

大号字标出**"螯合·黄腐酸钾"**的肥料，用色彩遮隐小号字"有机肥料"名称，违规标出**"螯合·黄腐酸钾≥25%"**及**"有效活菌""蛋白质""中微量元素""氨基酸"**等（彩图48）。

大号字标出**"黄腐酸钾"**的肥料，小号字标出**"氨基酸　有机肥"**，养分含量违规标出**"富含黄腐酸钾和钙、镁、硫、锌、硼、**

**铁等中微量元素**",却未标含量数据(彩图49)。

大号字标出"**黄腐酸钾**"的肥料,小号字标出"**有机肥料**",养分含量违规标出"**内含中微量元素**",同样未标含量数据。我们知道用硫酸钾作钾源的复混(合)肥料才标注为"**硫酸钾型**",可这里标称的"黄腐酸钾"却标注为"**硫酸钾型**"(彩图50)。

更为奇特的是,标注执行微生物菌剂标准(GB 20287—2006)的肥料,却用醒目大号字体在显眼位置标出"**黄腐酸钾**",而把"**微生物菌剂**"用小号字体标注在下面(彩图188)。

**2. 夸大式宣传与"拉大旗"**

冒牌"黄腐酸钾"都标出夸大性宣传词语,有的还拉起令人敬畏的大旗为自己站台。

标称"**金牌品质**"(彩图46),夸大宣传其功效为"**解盐碱 抗重茬 治线虫 免深耕 疏松土壤 生根壮苗 抗病抗菌 保水保肥**"(彩图47),"**防死棵、预防小叶、黄叶、枯萎病、抗旱、抗涝、抗寒**"(彩图49)。

这些问题化肥,有的打出"**国际绿色作物营养专业运营商**"(彩图46)、"**××省农业大学技术支持**"(彩图47)字样;有的甚至标称"**中国农业大学××工程技术中心监制**"(彩图48)。

**(三)选购黄腐酸钾提示**

真正纯品黄腐酸钾,由于价格极高,一般不会添加在普通的大包装肥料中。化肥中标出含有黄腐酸钾,而未标出氧化钾($K_2O$)含量数据的一律不予认可。

大包装化肥标出"黄腐酸钾"名称的,应引起特别关注。凡用"黄腐酸钾"作为肥料名称,无其他通用名称,只标出"黄腐酸钾"字样而未标注氧化钾($K_2O$)含量的,属于违规产品,不宜购买。

凡标注执行有机肥料、生物肥等其他肥料标准,而标注"黄腐酸钾"名称的,则有制假售假之嫌,绝不能购买。

凡用"黄腐酸钾"作为肥料名称,而把肥料通用名称模糊化的,要结合标识其他内容综合判断后再做决定。衡量所售产品的价格是否靠谱,可以辅助进行判断。

标注为"生化黄腐酸"的化肥，因目前尚无国家、行业标准，且化验分析也存在方法统一等问题，现在目前较难处置。建议遵循对新型农资使用时"一切经过试验的原则"，按照产品提示的方法进行少量试验，根据试验结果做出决策。

# 第四节 复混（合）肥料

复混（合）肥料系列包括复混肥料、复合肥料（本节所讲的复合肥料，不包括已有国家标准或行业标准的复合肥料，如磷酸二铵等）、掺混肥料、有机—无机复混肥料。

## 一、复混（合）肥料

### （一）复混（合）肥料基本常识

**1. 肥料名称**

（1）复混肥料。氮、磷、钾三种养分中，至少有两种养分标明量的由化学方法和（或）掺混方法制成的肥料。

（2）复合肥料。氮、磷、钾三种养分中，至少有两种养分标明量的仅由化学方法制成的肥料，是复混肥料的一种。

（3）掺混肥料。氮、磷、钾三种养分中，至少有两种养分标明量的由干混方法制成的肥料，是复混肥料的一种。

（4）有机—无机复混肥料。含有一定量有机肥料的复混肥料。

复混（合）肥料的原料来源，氮源有尿素、硫酸铵、氯化铵等；磷源有磷酸铵（磷酸一铵、磷酸二铵）、普通过磷酸钙、重过磷酸钙等；钾源有氯化钾、硫酸钾、硝酸钾等。

复混（合）肥料按原料组成成分不同可以分成好多类别。用尿素、磷酸一铵、磷酸二铵为原料的产品，一般养分含量较高；以硫酸铵、氯化铵、普通过磷酸钙、钙镁磷肥为原料的产品，一般养分含量较低。

用氯化钾、硫酸钾做原料的复混（合）肥料，分别称作氯化钾型复混（合）肥料、硫酸钾型复混（合）肥料，是目前运用最广泛的常规复混（合）肥料。氯化钾型复混（合）肥料除了少数对氯特别敏感的作物要注意控制用量外，对绝大多数作物有良好的效果。硫酸钾型复混（合）肥料则适用于各种作物，尤以需硫量较大的作物效果更好。硝酸钾型是近年来发展很快的高级别复混（合）肥料，相对溶解性好，肥效迅速，对泥土副作用小。在氧化钾含量相同的情况下，原料价格氯化钾最低，硫酸钾居中，硝酸钾最高。

**2. 执行标准**

复混（合）肥料执行国家标准，编号为 GB/T 15063—2009。本标准适用于包括各种专用肥料以及冠以各种名称的以氮、磷、钾为基础养分的三元或二元固体肥料。

掺混肥料执行国家标准，编号为 GB/T 21633—2008。

有机—无机复混肥料执行国家标准，编号为 GB/T 18877—2009。

**3. 养分含量**

总养分"总氮、有效五氧化二磷和氧化钾（$N+P_2O_5+K_2O$）含量之和"，以质量百分数计。

氮磷钾规定用配合式的方式标注，即按照 $N-P_2O_5-K_2O$（总氮、有效五氧化二磷和氧化钾）先后顺序，用阿拉伯数字分别表示其在复混肥料中所占百分比含量。

（1）复混肥料、复合肥料主要技术指标：

| 项　目 | 指标 | | |
|---|---|---|---|
| | 高浓度 | 中浓度 | 低浓度 |
| 总养分（$N+P_2O_5+K_2O$）（%） | ≥40 | ≥30 | ≥25 |
| 水溶性磷占有效磷（%） | ≥60 | ≥50 | ≥40 |
| 水分（$H_2O$）（%） | ≤2.0 | ≤2.5 | ≤5.0 |
| 粒度（1～4.75毫米，3.35～5.6毫米）（%） | ≥90 | ≥90 | ≥80 |
| 氯离子的质量分数（%）　未标"含氯"的产品 | 3.0 | | |
| 标识"含氯（低氯）"的产品 | 15.0 | | |
| 标识"含氯（中氯）"的产品 | 30.0 | | |

注：1. 标明单一养分含量不得低于 4%，且单一养分测定值与标明值负偏差的绝对值不得大于 1.5%。

2. 以钙镁磷肥等枸溶性磷肥为基础磷肥并在包装容器上注明为"枸溶性磷"的复混（合）肥料，"水溶性磷占有效磷百分率"项目不做检验和判定。若为氮、钾二元肥料，"水溶性磷占有效磷百分率"项目不做检验和判定。

3. 水分为出厂检验项目。

4. 特殊形状或更大颗粒（粉状除外）产品的粒度可由供需双方协议确定。

5. 氯离子质量分数大于 30% 的产品，应在包装袋上标明"含氯（高氯）"，标识"含氯（高氯）"的产品氯离子的质量分数可不做检验和判定。

本技术指标需特别关注要点：①复混肥料、复合肥料（有国家、行业标准的复合肥料除外）中氮磷钾总养分最低标明值 ≥25%；②标出的氮、磷、钾单一养分最低标明值 ≥4.0%；③中微量元素及其他物料即使真的加入也一概不得标注。

复混肥料、复合肥料对氯离子含量有明确的分级要求；标出"高氯"的必须在外包装上标明"使用不当会对作物造成伤害"的警示语。

复混肥料合格包装标识如彩图 201，复合肥料合格包装标识如彩图 202。

（2）掺混肥料主要技术指标：

| 项　　目 | 指　　标 |
|---|---|
| 总养分（$N+P_2O_5+K_2O$）的质量分数（%） | ≥35 |
| 水溶性磷占有效磷（%） | ≥60 |
| 水分（$H_2O$）的质量分数（%） | ≤2 |
| 粒度（2～4 毫米）（%） | ≥70 |
| 氯离子的质量分数（%） | ≤3 |
| 中量元素单一养分的质量分数（%） | ≥2 |
| 微量元素单一养分的质量分数（%） | ≥0.02 |

注：1. 标明单一养分含量不得低于 4%，且单一养分测定值与标明值负偏差的绝对值不得大于 1.5%。

2. 以钙镁磷肥等枸溶性磷肥为基础磷肥并在包装容器上注明为"枸溶性磷"的复混（合）肥料，"水溶性磷占有效磷百分率"项目不做检验和判定。若为氮、钾二元肥料，"水溶性磷占有效磷百分率"项目不做检验和判定。

3. 水分为出厂检验项目。

4. 包装容器标明钙、镁、硫时，检测本项目。

5. 包装容器标明铜、铁、锰、锌、钼、硼时，检测本项目。

本技术指标需特别关注要点：①掺混肥料总养分（$N+P_2O_5+K_2O$）最低标明值必须$\geqslant 35\%$；②标出的氮磷钾单一养分含量最低标明值$\geqslant 4.0\%$；③标出的中量元素单一养分质量分数（以单质计）最低标明值$\geqslant 2.0\%$；④标出的微量元素单一养分质量分数（以单质计）最低标明值$\geqslant 0.02\%$。低于此标明值的一律不得标出。

掺混肥料合格包装标识如彩图 203。

复混（合）肥料、掺混肥料同时标有缓释、控释、稳定性文字的，应同时标明缓释肥料（GB/T 23348—2009）、脲醛缓释肥料（HG/T 4137—2010）、控释肥料（HG/T 4215—2011）、稳定性肥料（GB/T 35113—2017）执行标准，如彩图 202。

（3）有机—无机复混肥料主要技术指标：

| 项　目 | 指　标 | |
|---|---|---|
| | Ⅰ型 | Ⅱ型 |
| 总养分（$N+P_2O_5+K_2O$）的质量分数（%） | $\geqslant 15$ | $\geqslant 25$ |
| 水分（$H_2O$）的质量分数（%） | $\leqslant 12$ | $\leqslant 12$ |
| 有机质的质量分数（%） | $\geqslant 20$ | $\geqslant 15$ |
| 粒度（1.00～4.75毫米或3.35～5.6毫米）（%） | $\geqslant 70$ | |
| 酸碱度（pH） | 5.5～8.0 | |
| 蛔虫卵死亡率（%） | $\geqslant 95$ | |
| 粪大肠菌群数/（个/克） | $\leqslant 100$ | |
| 氯离子的质量分数（%） | $\leqslant 3.0$ | |
| 砷及其化合物的质量分数（以 As 计，%） | $\leqslant 0.005\,0$ | |
| 镉及其化合物的质量分数（以 Cd 计，%） | $\leqslant 0.001\,0$ | |
| 铅及其化合物的质量分数（以 Pb 计，%） | $\leqslant 0.015\,0$ | |
| 铬及其化合物的质量分数（以 Cr 计，%） | $\leqslant 0.050\,0$ | |
| 汞及其化合物的质量分数（以 Hg 计，%） | $\leqslant 0.000\,5$ | |

注：1. 标明单一养分含量不得低于 3%，且单一养分测定值与标明值负偏差的绝对值不得大于 1.5%。

2. 水分以出厂检验数据为准。

3. 指出厂检验数据，当用户对粒度有特殊要求时，可由供需双方协议确定。

4. 如产品氯离子含量大于 3.0%，并在包装容器上标明"含氯"，该项目可不作要求。

本技术指标需特别关注要点：①不论何种剂型的有机—无机复混肥料，氮磷钾总养分、有机质必须达到最低标明值；②标出的氮磷钾单一养分含量不得低于 3.0%；③有害物质含量不得超标。

有机—无机复混肥料合格包装标识如彩图 206。

**4. 批准手续**

国家对复混肥料、复合肥料、掺混肥料、有机—无机复混肥料生产实行《工业产品生产许可证》制度管理和肥料登记制度管理（高浓度复混肥料、另有执行标准的复合肥料除外），凡未取得上述证号的产品，一律不能生产、销售，管理范围内的肥料产品，肥料包装袋上必须标注生产许可证号、登记证号。

**（二）复混（合）肥料快速定性识别**

复混（合）肥料系肥料是由多种基础原料肥组成，这些原料肥来源复杂多样，差别较大，因此用简单的方法进行识别比较困难。

**1. 看外观**

正品复混肥料、复合肥料、有机—无机复混肥料颗粒一般比较均匀，颜色比较一致；劣质产品颗粒多不均匀，颜色多不一致。

正品掺混肥料所用的基础颗粒一般为形状较好、粒径差别小，粒径悬殊太大的产品一般质量较差。通常可以用取肥器取出比较均匀的肥料样品，按照原料的不同颗粒进行分拣，然后按前面介绍过的方法分别进行鉴别。

**2. 闻味道**

复混肥料开袋后马上抓一把嗅一嗅，如发现有比较强烈的氨味，说明里面混有碳铵，是总含量较低的复混肥料。正品复混肥料一般没有特别明显的异味，若发现有明显的异味，则可能为劣质劣复混肥料。

掺混肥料一般没有明显的异味。有机—无机复混肥料根据填料的不同常有不同味道。

**3. 搓揉**

取少许复混肥料、复合肥料用手搓揉，手上留有一层白色粉末，并有黏着感的为质量较好的复混肥料；搓揉劣质复混肥料、复合肥料多为灰黑色粉末，无黏着感，颗粒内无白色晶体。

**4. 灼烧**

将复混肥料、复合肥料放在烧红的木炭或铁皮上，养分含量高的优质品会马上熔化并有泡沫，呈沸腾状，同时有氨气放出，残渣较少；假劣复混肥料融化速度慢，有的不会熔化或熔化极少的一部分，残渣较多。有机—无机复混肥料烧后残渣较多。用氯化钾或硫酸钾为钾素原料的产品，在火焰上灼烧时能发出钾离子特有的紫色光焰。

**5. 水溶试验**

在盛有水的透明杯子里放入若干粒肥料，静态观察（不搅拌）。养分含量高的复混肥料、复合肥料溶解速度快，且大部分溶于水，只有少量添加的辅料未必溶于水；养分含量低的复混肥料、复合肥料溶解速度慢，有的搅拌后也不溶解或溶解少许，留下大量不溶的残渣。有机—无机复混肥料溶解速度一般较慢，有的搅动后也有许多成分不溶解。

复混（合）肥料是不同基础原料结合在一起的化肥，物理化学性质差别很大，用上述方法对其进行定性判断，容易出现较大误差，因此还要结合包装标识进行综合判断，必要时最好通过化验分析来做出准确判断。

**（三）复混（合）肥料常见违规标识快速识别**

复混肥料、复合肥料、掺混肥料、有机—无机复混肥料是目前市场上存在问题较多的一类肥料。第一章中已大量列出此类肥料的存在问题。读者可把前后同类内容结合起来参阅。

**1. 肥料名称、执行标准、商标**

（1）肥料名称。肥料名称方面存在的问题表现突出、性质严重。主要有以下4种形式。

①无复混（合）肥料通用名称。一些化肥标注执行复混（合）肥料标准，却未标注复混（合）肥料名称，应该说这是犯了一个超低级的错误。

某种化肥标注执行掺混肥料标准、无肥料名称，只标出"硝硫基"字样（彩图52）。

　　某种标称"硫酸钾型"的化肥，一共标出三个疑似肥料名称："土豆双效肥""土豆抗病增产专用肥""有机—无机生物肥"，竟没有一个是合格的化肥名称，而且肥料名称之间自相矛盾（彩图62）。

　　某种标注执行掺混肥料标准，肥料名称位置却标出"**3膜3控第三代**"这样莫名其妙的称谓，实际上也等于没有肥料名称（彩图82）。

　　②模糊化复混（合）肥料通用名称。把化肥通用名称的字体缩小、淡化、遮掩或排在不显眼的位置，这种情况在复混（合）肥料系列中比比皆是。

　　某种标注掺混肥料标准的化肥，把掺混肥料缩小字体排在夹缝里，而把自拟名称"**免追肥**"排在最醒目的位置（彩图80）；同样的问题还出现在标称为"**核元钾**"的掺混肥料（彩图81）。

　　某种标注有机—无机复混肥料标准的化肥，把有机—无机复混肥料名称缩小字体排在夹缝里，自拟违规名称"**施尔沃　多养三安**"用醒目大字排出（彩图89）。

　　③自拟违规名称，冒充高价值化肥。这是一个非常严重且普遍的问题。常见一些养分含量低的化肥，通过自拟违规的肥料名称，傍靠、冒充高价值化肥。

　　有的标注"××（**农作物名**）**专用肥**"（彩图66、彩图69、彩图79）。有的甚至是二元复混肥料，也要标称为"**玉米专用肥**"，进行虚假宣传，误导消费者（彩图86）。

　　一些肥料在标出的"复混（合）肥料"通用名称旁边添加与高价值化肥名称相同、相近的称谓，来冒充高价值化肥。

　　某种在"复合肥料"名称下面添加"**含钾硝基二铵**"（彩图54），试图以此名称混淆、冒充"二铵"。另外一些清楚地标注执行复混肥料标准的化肥，却标出"**硝酸磷**""**硝酸磷钾**"名称（彩图58、彩图59）。

　　④用文字商标来混淆复混肥料名称。此问题，在第一章（C2）

已做详细介绍，这里不再重复。

（2）执行标准。从上述规定中我们已经知道，复混（合）肥料系列的全部化肥都有国家标准，但现实中这方面也出现许多违规现象。

①无执行标准。有的复混（合）肥料在包装标识上未标注执行标准，出现了无标准化肥。如化肥名称违规标称为"**土豆专用肥**"的肥料，只标出许可证号，未执行标准编号与登记证号（彩图69）。

②对同一质量内容标注两个执行标准。对同一质量内容违规标注两个执行标准，在复混（合）肥料方面比较突出。一些"复合肥料""控释肥""有机—无机复混肥"，同时标出复混（合）肥料与有机—无机复混肥料两个执行标准。

如标称为"**中芬合资**"生产的"**复合肥料**"（彩图159），"**美国史得力国际化学工业集团**"生产的"**控释肥**"（彩图155）和"**富士控释肥**""**有机—无机复混肥**"（彩图161），都违规标出这两个执行标准，却未标出控释肥的执行标准。

③执行标准与肥料名称不符。执行标准与肥料名称不符的情况在复混（合）肥料方面也较多见。如标注执行有机—无机复混肥料标准，肥料名称却标注为"**追丰**"（彩图88）等许多化肥都存在此类问题。

（3）商标。目前主要存在模仿、傍靠国内外知名商标的问题，以及用文字商标进行混淆、虚假宣传的问题。这些在第一章已做详细介绍，这里不再重复。

## 2. 养分含量

养分含量问题是所有化肥存在问题最多的一项，在复混（合）肥料系列表现得尤其突出。

（1）篡改"总养分"、配合式。把氮、磷、钾"总养分"篡改成其他称谓的问题，第一章（D4）已做详细介绍，这里不再重复。

配合式违规标注其他成分的问题，第一章（D7）已做过详细介绍。近年来在配合式中标出概念模糊的字母组合，混淆或替代氧化钾的问题，更具有迷惑性，应当引起特别注意。如配合式氧化钾的位置标出"HAK₂O"（彩图 55、彩图 75）等。

另一类谎称为"**三铵**""**三安**""**××三铵**""**××三安**"等名称的复混（合）肥料，把配合式中氧化钾的"$K_2O$"违规改换成其他物料（下面将专题介绍）。

（2）氮磷钾低于最低标明值，违规标出其他物料。复混（合）肥料标准规定，总养分氮磷钾（$N+P_2O_5+K_2O$）最低标明值≥25％，氮、磷、钾单一养分最低标明值≥4％，且不准标出氮、磷、钾以外的其他营养元素及物料。可是现实中氮、磷、钾总养分、单一养分低于最低标明值及标出明令禁止的其他成分屡见不鲜。如：

某种标注执行复合肥料标准、名称为"**氨基酸铵**"的肥料，氮、磷、钾仅为"**18％（16-0-2）**"，氮、磷、钾总养分及钾单一养分都没有达到最低标明值；还违规标出"**解钾因子≥17％　解磷因子≥17％　氨基酸≥10％　有机质≥20％　腐植酸≥10％**"（彩图 57）。

一种复混肥料用超小号字体标出"**含硫≥10％　钙、镁等中微量元素**"这一概念混乱且不允许标注的养分（彩图 58）。

某种标出违规名称"**金铵 60**"的化肥，配合式数字"**20-20-20**"对应的却是"**氮　黄腐酸磷　黄腐植钾**"；还违规标出"**秸秆腐熟剂≥10％**""**配套营养：聚天门冬氨酸　生物蛋白酶　进口生根粉　土壤调理剂　硝化抑制剂　脲酶抑制剂　锌、硼、钙、镁、硫等微量元素**"（彩图 164）。

现在复混（合）肥料违规标出"有机质""氨基酸""腐植酸"等各种各样不允许标注的物料几乎已成常态，读者可在书中继续查找。

（3）养分名称、化学形态、计量方式违规。

①改变养分名称及化学形态。复混（合）肥料养分名称及化学形态方面的问题较突出。主要表现在中微量元素：有的标出了名称，而未标出其含量；有的标出合计总量而无单一元素含量数据；

有的用氧化物形态标注。如：

只标出文字"**钙、镁等中微量元素**"，未标出养分含量数字（彩图 52）。只标出"**中微量元素≥10%**"，未标出单一养分名称及含量（彩图 71）。

标出的"**CaO＋MgO≥1.0%　Fe＋B＋Cu＋Zn＋Mn＋Mo≥0.2%**"中，中量元素钙、镁以氧化物标注，中微量元素只标出合计总量而无单一元素含量（彩图 72）。

②违规计量。

第一种形式，分两部分标注养分。人为地把内部物料分成两部分，分别标注其养分含量。如所谓"**土豆双效肥**"（彩图 62）。

第二种形式，重复计算养分。标称为所谓"**花生千斤增产宝**"的化肥，既标出"**氧化钙≥40%**"，又标出"**活性钙物质≥8%**"（彩图 79）。标注有机质含量里已经涵盖腐殖酸中的有机质，但有的化肥将两者含量分别标出并计入总量而重复计量。如："**复合肥料（土豆专用）**"（彩图 60）。

第三种形式，改变养分含量计量方式。违反固体化肥养分含量要以质量百分数计量的规定，采用毫克/克、毫克/千克计量方式进行计量，虚假增大养分含量表观数字。

以"**农友福®**"作为文字商标的掺混肥料，采用"**mg/g**"计量，无形中把养分含量的数字扩大了 10 倍（彩图 83）。

标称为"**聚肽螯合钾富锌硼复合肥料**"（彩图 63）和标称为"**聚肽螯合钾富锌硼掺混肥料**"（彩图 175）的化肥采用"**mg/kg**"计量添加成分，把添加成分的含量数字扩大了 10 000 倍。

**3. 批准手续**

复混（合）肥料是属于生产许可证管理的肥料，除了高浓度复混（合）肥料外也属于肥料登记证管理的产品；可是现在有的应该标注"两证"的复混（合）肥料，包装标识上却未标注。

标注执行复混肥料标准的"**氨基酸铵**"，无肥料登记证号（彩图 57）。标注执行掺混肥料标准的"**核元钾**"，无肥料登记证号（彩图 81）。标称为"**复合肥料（金特莱）**"，生产许可证号和肥料登记证号全无（彩图 61）。

### 4. 夸大性宣传

超越肥料功能、违背化肥基本常识的夸大性宣传词语在问题复混（合）肥料上较常见。如标榜**"易水溶　全吸收"**（彩图 52），**"全营养　全吸收"**（彩图 164）一类说词屡见不鲜。

一种无合格化肥名称、自称为**"套餐肥领导品牌""3 膜 3 控第三代"**的化肥，标注执行掺混肥料标准，标出具有**"特种功能：防小叶、黄叶、早期落叶、黄龙病、粗皮、流胶、防大小年、防裂果、烂果、果锈、花脸、根腐、烂根调解根部生长环境"**。稍微有一点农艺知识的人都清楚，这里所列病害的发生，有非常复杂的病理、生理、环境等多重因素，以提供氮、磷、钾营养为主的掺混肥料怎么会有如此全面的"特种功能"（彩图 82）。

某种标称为所谓**"免追肥"**的掺混肥料（"掺混肥料"名称在缝隙中用小号字体标注），配合式标出**"总养分≥48%"**，匪夷所思地标出**"本产品每亩*提供氮，磷，钾 60 个养分"**。"个"是万能量词，"60 个养分"是多少？ 这种肥料每亩地施多少才能达到所说的**"60 个养分"**？ 本化肥还在醒目位置标出拥有**"中国第一条最先进的生产多膜控释肥的装置"**（用户自然无法考证真伪），似乎要与标出的**"冬小麦全程控释　根感应遥控"**相联系，试图说明用此设备生产的掺混肥料可以实现智能化控制，达到**"根感应遥控"**释放养分的效果。夸大式宣传已经达到离谱的程度（彩图 80）。

### 5. 沾"洋荤""拉大旗"

一些明显存在严重问题、甚至不合格的复混（合）肥料，有的采用多种方法装扮成进口产品，有的堂而皇之标出采用了外国技术，有的标出政府机关、科研院所、媒体、保险机构名称，专利、股票代号等内容，"拉大旗，作虎皮"抬高身价。

标注执行国内复混肥料标准，标称**"美国邦威农化有限公司"**出品的**"撒得尔　新型高效冲施肥"**，却是肥料名称、养分含量都

---

&ast;　亩为非法定计量单位，1 亩≈667 米²。——编者注

存在严重问题的不合格产品（彩图 56）。

标注执行国内复混（合）肥料标准的复合肥料，标称"**德国伍德工程公司设计**""**引进西班牙 INCRO 专利技术和设备**"（彩图 54）；"**俄罗斯技术**"（彩图 58）。

标称为地址在"**香港**"的"**美国嘉吉磷铵国际进出口集团有限公司**"的"**复合肥料**"，却是养分含量极低的假冒产品（彩图 61）。

特别值得一提的是有一种掺混肥料，其违规内容之广几乎可称"范本"。肥料名称用排在最显眼位置上的文字商标"**农友福®**"进行混淆，而把通用名称"**掺混肥料**"字体缩小排在下面小括号内；同时标出"**小麦活秆成熟肥**""**多元素配方肥**""**硫酸钾**"几个疑似肥料名称。养分含量违规改称为"**总成分≥50％**"，紧挨着的下面标出"**氮≥20mg/g　磷≥15mg/g　钾≥15mg/g**"，违规采用"**mg/g**"计量养分；另外标出"**黑粒子中：氨基酸　腐殖酸　有机质≥16％**"，除了"**黑粒子**"还有什么粒子这里没有说；标出"**硫、钙、镁、锌、铁、硼≥6％**"，无单一元素含量；又标出"**N16＋$P_2O_5$13＋$K_2O$ 6≥35％**"，这个 35％ 与前面的"**总成分≥50％**"是什么关系没有说出来。所有这些数据无论怎样组合相加，也与 50％ 不相匹配。"**总成分≥50％**"到底是什么成分、养分含量到底是多少，没人可以搞清楚。夸大式宣传同样了得，标出"**低碳减量环保生物有机指标**""**营养含量承诺：缺一赔十**""**全量平衡肥　改良疏松土壤**""**施肥农友福　农民都有福**"等夸大性宣传内容。这一标注内容问题百出的化肥，却标出"**专利号××××**"，还标称"**2010 年国家级星火科技计划项目**"，是中国最权威媒体"**中央电视台 CCTV ×（某频道数字）**"某栏目"**全年播出　品牌联盟**""**共建单位**"（彩图 83）。

### （四）选购复混（合）肥料提示

选购复混（合）肥料时，一定要按照上面所讲的基本常识，对包装标识的七项内容逐一认真察看。凡肥料名称、执行标准、养分含量、批准手续等主要内容不符合规定的，都不可轻易购买。

凡养分含量（包括总养分和单一养分）没有达到执行标准规定

的最低标明值，就是不合格产品，不能购买。

复混（合）肥料涉及范围广、品种多，问题形式复杂多变，在选购过程中如遇不清楚的内容，应多咨询专业人员。

## 二、缓释、控释、稳定性肥料

### （一）缓释、控释、稳定性肥料基本常识

此类化肥出现的时间较短，是一类专门针对化肥释放速度而命名的化肥。目前常见的有以下几种：

控释肥料，执行标准编号为 HG/T 4215—2011；缓释肥料，执行标准编号为 GB/T 23348—2009；稳定性肥料执行标准编号为 HG/T 4135—2010；脲醛缓释肥料执行标准编号为 HG/T 4137—2010。

### 1. 控释肥料

控释肥料主要技术指标：

| 项　　目 | 指　　标 | |
| --- | --- | --- |
| | 高浓度 | 中浓度 |
| 总养分（N+$P_2O_5$+$K_2O$）的质量分数（%） | ≥40 | ≥30 |
| 水溶性磷占有效磷质量分数（%） | ≥60 | ≥50 |
| 水分（$H_2O$）的质量分数（%） | ≤2.0 | 2.5 |
| 粒度（1.00~4.75毫米或3.35~5.6毫米）（%） | ≥90 | |
| 养分释放期（%） | 标明值 | |
| 初期养分释放率（%） | ≤12 | |
| 28d累积养分释放率（%） | ≤75 | |
| 养分释放期的累积养分释放率（%） | ≥80 | |

注：1. 总养分可以是氮、磷、钾三种或两种之和，也可以是氮和钾中的任何一种养分。

2. 三元或两元控释肥料的单一养分含量不得低于4%。

3. 以钙镁磷肥等枸溶性磷肥为基础磷肥并在包装袋上注明为"枸溶性磷"的产品，未标明磷含量的产品，控释氮肥以及控释钾肥，"水溶性磷占有效磷质量分数"这一指标不做检验和判定。

4. 水分以出厂检验数据为准。

5. 养分释放期应以单一数值进行标注，其允许误差为 20%。如标明值为 180 天，累积养分释放率达到 80% 的时间允许范围为（180±36）天。如标明值为 90 天，累积养分释放率达到 80% 的时间允许范围为（90±18）天。

6. 三元或两元控释肥料的养分释放率用总氮释放率来表征；对于不含氮的肥料，其养分释放率用钾释放率来表征。

## 部分控释肥料主要技术指标：

| 项　　目 | 指　　标 |
|---|---|
| 总养分（N+P$_2$O$_5$+K$_2$O）的质量分数（%） | ≥35 |
| 控释养分量（%） | 标明值 |
| 控释养分释放期（%） | 标明值 |
| 控释养分 28 天累积养分释放率（%） | ≤75 |
| 控释养分释放期的累积养分释放率（%） | ≥80 |

注：控释养分为单一养分时，控释养分量应不小于 8%，控释养分为氮和钾两种养分时，每种控释养分量应不小于 4%。

## 2. 缓释肥料

缓释肥料主要技术指标：

| 项　　目 | 指　　标 | |
|---|---|---|
| | 高浓度 | 中浓度 |
| 总养分（N+P$_2$O$_5$+K$_2$O）的质量分数（%） | ≥40 | 30 |
| 水溶性磷占有效磷质量分数（%） | ≥60 | 50 |
| 水分（H$_2$O）的质量分数（%） | ≤2.0 | 2.5 |
| 粒度（1.00～4.75 毫米或 3.35～5.6 毫米）（%） | ≥90 | |
| 养分释放期 | 标明值 | |
| 初期养分释放率（%） | ≤15 | |
| 28d 累积养分释放率（%） | ≤80 | |
| 养分释放期的累积养分释放率（%） | ≥80 | |

注：1. 总养分可以是氮、磷、钾三种或两种之和，也可以是氮和钾中的如何一种养分。

2. 三元或两元控释肥料的单一养分含量不得低于 4%。

3. 以钙镁磷肥等枸溶性磷肥为基础磷肥并在包装袋上注明为"枸溶性磷"的产品，未标明磷含量的产品，控释氮肥以及控释钾肥，"水溶性磷占有效磷质量分数"这一指标不做检验和判定。

4. 养分释放期应以单一数值进行标注，其允许误差为 25%。如标明值为 180 天，累积养分释放率达到 80%的时间允许范围为（180±45）天。如标明值为 90 天，累积养分释放率达到 80%的时间允许范围为（90±23）天。

5. 三元或两元控释肥料的养分释放率用总氮释放率来表征；对于不含氮的肥料，其养分释放率用钾释放率来表征。

6. 除表中的指标外，其他指标应符合相应产品标准的规定，如复混（合）肥料、掺混肥料氯离子的含量、尿素中的缩二脲含量。

### 部分缓释肥料主要技术指标：

| 项　　目 | 指　　标 |
| --- | --- |
| 缓释养分量 | 标明值 |
| 缓释养分释放期（月） | 标明值 |
| 缓释养分 28 天累积养分释放率（%） | ≤80 |
| 缓释养分释放期的累积养分释放率（%） | ≥80 |

注：缓释养分为单一养分时，缓释养分量应不小于 8%，缓释养分为氮和钾两种养分时，每种缓释养分量应不小于 4%。

### 3. 稳定性肥料

稳定性肥料主要技术指标：

| 项　　目 | 稳定性肥料Ⅰ型 | 稳定性肥料Ⅱ型 | 稳定性肥料Ⅲ型 |
| --- | --- | --- | --- |
| 尿素残留差异率（%） | ≥25 | — | 25 |
| 硝化抑制率（%） | — | ≥6 | ≥6 |

注：Ⅰ型和Ⅲ型应含尿素。

### 4. 脲醛缓释肥料

脲醛缓释肥料主要技术指标：

| 项　　目 | 指　　标 | | |
| --- | --- | --- | --- |
| | 脲甲醛<br>（UF/MU） | 异丁叉二脲<br>（IBDU） | 丁烯叉二脲<br>（CDU） |
| 总氮（TN）的质量分数（%） | ≥36.0 | ≥28.0 | ≥28.0 |
| 尿素氮（UN）的质量分数（%） | ≤5.0 | ≤3.0 | ≤3.0 |

（续）

| 项　目 | 指　标 | | |
| --- | --- | --- | --- |
| | 脲甲醛<br>（UF/MU） | 异丁叉二脲<br>（IBDU） | 丁烯叉二脲<br>（CDU） |
| 冷水不溶性氮的质量分数（CWIN）（%） | 14.0 | 25.0 | 25.0 |
| 热水不溶性氮的质量分数（HWIN）（%） | 16.0 | — | — |
| 缓释有效氮的质量分数（%） | ≥8.0 | ≥25.0 | ≥25.0 |
| 活性系数（AI） | ≥40 | — | — |
| 水分（$H_2O$）的质量分数（%） | ≤3.0 | | |
| 粒度（1.00～4.75毫米，3.35～5.6毫米）（%） | ≥90 | | |

注：1. 对于粉状产品，水分的质量分数≤5%。

2. 对于粉状产品，粒度不做要求，特殊形状或更大颗粒产品（粉状产品除外）的粒度由供需双方协议确定。

含有部分脲醛缓释肥料的肥料主要技术指标：

| 项　目 | 指　标 |
| --- | --- |
| 缓释有效氮的质量分数（以冷水不溶性氮CWIN计，%） | 标明值 |
| 总氮（TN）的质量分数（%） | ≥18 |
| 中量元素单一养分的质量分数（%） | ≥2 |
| 微量元素单一养分的质量分数（%） | ≥0.02 |

注：1. 肥料为单一单养分时缓释有效氮（以冷水不溶性氮CWIN计）不应小于4%；肥料养分为两种或两种以上时，缓释有效氮（以冷水不溶性氮CWIN计）不应小于2%。应注明缓释氮的形式，如脲甲醛（UF/MU）、异丁叉二脲（IBDU）、丁烯叉二脲（CDU）。

2. 该项目仅适应于含有一定量脲醛缓释肥料的缓释氮肥。

3. 包装容器标明钙、镁、硫时，检测该项指标。

4. 包装容器标明铜、铁、锰、锌、钼、硼时，检测该项指标。

上述技术指标需特别关注要点：①标出的养分含量必须达到各标准规定的最低标明值。②释放速度等相关技术指标一定要达到标明值。此类化肥不能用快速定性方法来识别，需要由专业部门鉴定。

凡标出含有"缓释""控释""稳定性"一类字样的化肥，必须标注其对应标准。此类化肥通常是在原有的基础化肥上添加了"缓释""控释""稳定性"材料后制成。因此化肥包装标识常会同时标出两个执行标准。合格包装标识如"稳定性复合肥料"标出 GB/T 35113—2007 和复合肥料标准 GB/T 15063—2009（彩图 202）。

**（二）缓释、控释、稳定性肥料常见违规标识快速识别**

**1. 无执行标准、养分违规标注**

标出含有"缓释""控释"字样，却未标出其对应的执行标准（彩图 154、彩图 155、彩图 161、彩图 170）。

有些标称为"缓释""控释"肥料中，违规标出不应含有的成分，有的甚至是莫须有物料名称。

某种未标注控释肥执行标准的"玉米专用 控释肥"，标出"有机质≥20% 智能肽≥5% 智能锌 3% 智能硼≥5% 氨基酸≥20% 抗重茬抗病因子≥0.2 亿/克 解磷解钾因子≥0.2 亿/克"（彩图 154）。

标称为"控释肥"（彩图 155）和"富士 控释肥"（彩图 161）的化肥，都未标注控释肥执行标准，违规把内部养分分成两部分，执行两个不同标准。

**2. 夸大性宣传**

上述"玉米专用 控释肥"（彩图 154）标出"智能肽""智能硼""智能锌"，及"控释肥"（彩图 155）标出"内含智能控释粒子"，这些"智能"物料，明显是超越目前科技水平的虚假概念。

某种标注执行企业标准、标称为所谓"碳酶 X-Tend 控释氮肥"，无对应控释肥料标准；标出"中微量元素≥18%"合计总量，无单一元素含量；还标出："微碳技术（MICRO CARBON） 促生技术（PROBIOTIC SOLUTIONS） 美国非常规络合技术（THE UNITED S-U-C-T）"；标称这是"生态土壤的增效肥料"（彩图 170）。

**（三）选购缓释、控释、稳定性肥料提示**

标出含有"缓释""控释""稳定性"一类字样的化肥，如果未标注其对应的执行标准，一般不应认可，至少不能按所标称的那种化肥购买；凡养分含量不达标的，一律不得购买；凡进行夸大性宣传的，要结合其他内容综合判断，在没有搞清楚之前不宜购买。

# 第五节　自有国家标准、行业标准的复合肥料

　　一部分复合肥料自有相应的国家标准、行业标准。常见的如磷酸一铵、磷酸二铵、硝酸磷肥、磷酸二氢钾、硫酸钾镁肥等。这里只介绍使用量大、目前存在问题较多的磷酸二铵和磷酸二氢钾，顺带说说所谓"磷酸三铵"。

　　磷酸二铵是磷酸铵的一种。磷酸铵是磷酸和氨经化学反应生成的含氮、磷化合物。在反应过程中根据反应条件不同，可以形成磷酸一铵、磷酸二铵和磷酸三铵3种化合物。

　　①磷酸一铵。分子式 $NH_4H_2PO_4$，含氮（N）$10\%\sim11\%$，含磷（$P_2O_5$）$42\%\sim51\%$。

　　②磷酸二铵。分子式 $(NH_4)_2HPO_4$，含氮（N）$13\%\sim18\%$，含磷（$P_2O_5$）$38\%\sim46\%$。

　　③磷酸三铵。分子式 $(NH_4)_3PO_4$，含氮（N）$16\%\sim24\%$，含磷（$P_2O_5$）$35\%\sim42\%$。

　　磷酸一铵、磷酸二铵、磷酸三铵中只有氮、磷两种养分，三者氮、磷总养分含量很相近，只是其中氮与磷的比例不同而已。磷酸一铵中磷的占比最高，氮、磷比为 $1:(4\sim5)$；磷酸二铵中氮、磷比居中，为 $1:2.5$ 左右；磷酸三铵中的氮、磷比为 $1:2$ 左右。如果有人仅从"一、二、三"字面意义去理解，认为磷酸一铵的养分含量只有磷酸二铵的一半，那就大错特错了。

　　磷酸一铵和磷酸二铵两种化合物在常温下产品性能比较稳定，只有当环境温度高于70℃以上时，其中的氨才会分解挥发，因此适合做商品肥料。磷酸三铵是一种很不稳定的化合物，在常温常压下就会分解，释放出氨，所以根本不能做农用商品肥料。目前，世

界上没有任何一个国家生产磷酸三铵商品肥料，国内外也没有磷酸三铵肥料执行标准。

目前磷酸一铵主要用作复混肥料的原料使用，少有假冒，这里不做介绍。磷酸二铵是目前市场上常见的氮、磷养分含量很高的肥料，也是许多地区使用量最大的磷源肥料。农户使用磷酸二铵肥料已经有数十年历史。20世纪中叶后期我国从国外大量进口磷酸二铵（以美国产"嘉吉"牌磷酸二铵最为著名），在本底缺磷的土壤施用后增产效果极其显著。20世纪末期，我国的磷酸二铵产量大增，逐步取代了绝大部分进口磷酸二铵。因磷酸二铵肥效稳定、售价高、销量大，因此常有假冒产品出现。

磷酸一铵和磷酸二铵执行国家标准，编号 GB/T 10205—2009。

## 一、磷酸二铵

### （一）磷酸二铵基本常识

磷酸二铵主要质量技术指标：

| 项 目 | 传统法 | | | 料浆法 | | |
|---|---|---|---|---|---|---|
| | 优等品 18-46-0 | 一等品 15-42-0 | 合格品 14-39-0 | 优等品 16-44-0 | 一等品 15-42-0 | 合格品 14-39-0 |
| 外观 | 颗粒状，无机械杂质 | | | | | |
| 总养分（$N+P_2O_5$）的质量分数（%） | ≥64 | ≥57 | ≥53 | ≥60 | ≥57 | ≥53 |
| 总氮（N）的质量分数（%） | ≥7 | ≥14 | ≥13 | ≥15 | ≥14 | ≥13 |
| 有效磷（$P_2O_5$）的质量分数（%） | ≥45 | ≥41 | ≥38 | ≥43 | ≥41 | ≥38 |
| 水溶性磷占有效磷（%） | ≥87 | ≥80 | ≥75 | ≥80 | ≥75 | ≥70 |
| 水分（$H_2O$）的质量分数（%） | ≤2.5 | ≤2.5 | ≤3.0 | ≤2.5 | ≤2.5 | ≤2.5 |
| 粒度（1～4毫米）（%） | ≥90 | ≥80 | ≥80 | ≥90 | ≥80 | ≥80 |

注：水分为推荐性要求。

本技术指标需特别关注要点：①磷酸二铵的氮（N）含量最低

标明值≥13％，磷（$P_2O_5$）含量最低标明值≥38％，氮、磷含量合计最低标明值≥53％；②水溶性磷占有效磷的比例，不得低于执行标准规定的指标值。磷酸二铵合格包装标识如彩图204。

### （二）磷酸二铵快速定性识别

**1. 外观**

磷酸二铵颗粒均匀度较高，表面光滑，无味道。磷酸二铵本身偏白色，生产厂家为了防止结块，会在颗粒表皮涂裹一些物料。这些物料有不同的颜色，如黑褐色、浅褐色、淡黄色、青白色、浅绿色等。颗粒受潮后颜色变深，周边颜色会脱落，之后露出原有的色泽。

磷酸二铵颗粒坚硬，用小刀可切开，其断面细腻、均匀、有光泽。假冒磷酸二铵通常表面不光滑，有的有废机油味道；有的用小刀很难切开；有的能够切开，其断面粗糙不平、无光泽。

**2. 水溶**

正品磷酸二铵投入盛水的玻璃杯中进行搅拌，溶解速度比尿素慢得多，但能全部溶于水。开始时溶液比较混浊，静置一会儿后溶液出现分层，上层为清澈溶液，下层少量为混浊液体，但无颗粒状或不溶解的残渣。用pH广范试纸蘸上上清液，呈弱碱性反应（pH7.5～8.5）。往磷酸二铵溶液中加入少量碱性物质，立刻会冒出氨味。

假冒磷酸二铵通常不易溶于水，即使长时间搅拌也未必全部溶解，用手捏感觉会有明显的颗粒状物。用过磷酸钙假冒的磷酸二铵，用pH广泛试纸试验显酸性（试纸变红），加碱性物质反应无氨味。

**3. 灼烧**

把肥料分别放在烧红的铁皮（或木炭）上，磷酸二铵能快速熔化，呈"沸腾"状，并冒泡、放出明显的氨味。假冒磷酸二铵通常没有这些现象。

### （三）磷酸二铵常见违规标识快速识别

在长期使用磷酸二铵的过程中，人们习惯把其简称为"二铵"；

只要一提"二铵"，人们就认为是磷酸二铵。就是这个简称，恰好给钻营者提供了可乘之机。

**1. 傍靠、仿冒磷酸二铵、磷酸铵名称**

现在挖空心思傍靠、仿冒"磷酸二铵""磷酸铵"名称的肥料比比皆是。有人拟取与"磷酸二铵""二铵""磷酸铵"相同、相近的称谓，再通过违规标注执行标准、商标、养分含量、虚假进口、夸大功效宣传、"拉大旗"等多种手段，最终把劣质化肥装扮成"磷酸二铵""磷酸铵"或相近似的肥料。

（1）傍靠、仿冒"磷酸二铵"名称。

①直接标称为"**磷酸二铵**"。此类化肥用醒目大字在显眼位置标出"**磷酸二铵**"，标出的其他文字内容无论字体、位置与正品磷酸二铵几乎一样。只有仔细察看才会发现，这些"**磷酸二铵**"名称附近常用不太引人注意的小号字体添加了修饰词语。如"**生物有机**"（彩图 91）、"**有机**"（彩图 99）、"**多元**"（彩图 110）、"**多元素**"（彩图 101、彩图 105）、"**多肽**"（彩图 92）等。此类仿冒磷酸二铵的肥料，极具误导性。

②在"磷酸二铵"（或"磷酸铵"）前面添加修饰性词语。用大致相同的字体把修饰词语与"磷酸二铵""磷酸铵"连起来作为肥料名称，如"**多元素磷酸二铵**"（彩图 93）、"**硝基磷酸铵**"（彩图 76）等。

③在"二铵"前面添加修饰性词语。此类化肥去掉"磷酸"二字，在"二铵"前面用大致相同的字号添加修饰词语，与"二铵"连起来作为肥料名称。如"**黄腐酸二铵**"（彩图 94）、"**有机二铵**"（彩图 96）、"**硫钾二铵**"（彩图 102）、"**多元素二铵**"（彩图 108）、"**生态二铵**"（彩图 111）、"**硫磷二铵**"（彩图 112）、"**含钾硝基二铵**"（彩图 54）等。

④以文字商标傍靠。用"××二铵™""×磷酸铵™"甚至用二铵的谐音"××二安™"作成文字商标来傍靠磷酸二铵名称，力图使人以为这是与磷酸二铵相同或相近似的肥料。如："**生态二铵™**"（彩图 97）；"**硫磷酸铵™**"（彩图 98、彩图 187）；"**硫磷二**

安™"(彩图 104)等。

(2) 用其他肥料仿冒磷酸二铵。有人把普通复混肥料、有机—无机复混肥料、生物发酵肥等相对低价值肥料标上"××二铵""×磷酸铵"字样,来仿冒磷酸二铵。

①复混肥料仿冒磷酸二铵。本来标有"复合肥料"名称及执行标准,却要再标上**"含钾二铵"**(彩图 53)、**"含钾硝基二铵"**(彩图 54)的字样。

标注执行"复混(合)肥料"的标准,养分含量为"N26%$P_2O_5$13%"的化肥,显然是标准的二元复混(合)肥料,却要标称为"硝基磷酸铵"(彩图 76)。

②有机—无机复混肥料仿冒磷酸二铵。明确标注有机—无机复混肥料名称及执行标准,却要用**"长效缓释二铵™"**做商标,在显赫位置标出(彩图 95)。

③生物发酵肥仿冒磷酸二铵。前些年开始,有味精厂利用以硫酸铵为主要成分的下脚料制出一种颗粒均匀、光滑圆润的肥料。一段时间经批准称为"生物发酵肥"。这种肥料含氮量一般为 12%～16%。有人用这种低含量、低价值肥料,冒充高含量、高价值肥料。谎称为**"腐植酸 二铵"**就是其中极具代表性的一例(彩图 171)。

**2. 养分含量违规标注**

(1) 改变"总养分"称谓,标出标准外成分。问题磷酸二铵常把"总养分"改变成其他多种称谓,混淆氮、磷含量的基本内涵;再把磷酸二铵不应含有的其他成分标注出来,与氮、磷合计在一起。这样就会形成与优等品磷酸二铵氮、磷含量相同数据(≥64%),而真实的氮、磷含量很低。用这样的方法误导乃至欺骗用户的例子较多。如:

标称为**"优等品"**的**"多元素 磷酸二铵"**,标出**"有效成分 ≥64% N+$P_2O_5$+$K_2O$ 13-23-0 多元素成分 S≥8% Mg+Fe+ P+$NaSO_4$≥20%"**(彩图 105)。

标称为**"黄腐酸二铵"**,标出**"总有效成分≥64% 氮 18-磷**

**22-钙 8-镁 4-硫 8　锌、铁、硼、锰、钼≥1%　黄腐酸≥3%"**（彩图 94）。

标称为"有机二铵"，标出"**总有效成分≥64%　N-P-有机质-腐植酸 18-20-20-6**"（彩图 96）。

标称为"生态二铵"，标出"**总含量≥64%　N≥14%　K≥2%　Ca，Mg，S，Zn 等中量元素≥14%　有机质≥20%　氨基酸≥12%**"（彩图 111）。

文字商标"**生态二铵**$^{TM}$"（彩图 97）、"**硫磷酸铵**$^{TM}$"（彩图 98）标注在肥料名称位置来混淆化肥名称的两种化肥，标出"**提高养分≥64%**"；标称为"**硫磷二铵**"（彩图 112）标出"**二铵传统法≥64%**"。这三种化肥的养分名称、含量等全部标注为"**N11.5 P21 S16 Mg5.5 Ca10 NPK≥32.5%　微量元素≥31.5% 生根剂　促腐剂　蚯蚓酶**"。

标称为"**多元磷酸二铵**"，标出"**提高养分≥64%　N11　P21 S16　Mg5.5　Ca10　增效剂≥35.5%　微量元素≥30%　Co≥20%**"（彩图 110）。

标称为"**磷酸二铵 多元素**"，标出"**二铵传统法≥64%　N+$P_2O_5$+$K_2O$ 18-46-0　S≥10%　Mg≥14%**"（彩图 101）。

标称为"**美国技术 中外合资**"的"**磷酸二铵**"，直接取消"**总养分**"的称谓，标出含量"**N-$P_2O_5$-有机物质-氨基酸 17-12-30-5**"（彩图 99）。

标称为"**硫磷二铵**$^{TM}$**土壤调理剂**"，标出"**总成分≥64%　N≥10%　S≥18%　$MgSO_4 \cdot 7H_2O$≥30%　微量元素≥6%**"，其标出的养分含量只有 10%的氮，不但标出了硫含量，还违规把七水硫酸镁标出，并分别计量后计入总量（彩图 187）。

更为奇特的是，标称为"**多元素二铵**"的化肥，养分含量多项违规标注，在净含量后面不可思议地标出"**含氯**"（彩图 108）。

（2）违规改变规定格式、计量方式。违规改变规定格式标注养分、改变养分计量方式的现象也时有发生。如：标称为"**多元素二铵**"的化肥，用椭圆里填空的格式标注养分，令人难以快速看清养分含量的确切数据（彩图 108）。标称为"**磷酸二铵　聚肽螯合钾　富锌硼**"的化肥，采用"**mg/kg**"（毫克/千克）计量养分（彩图 100）。"**生物有机　磷酸二铵**"（彩图 91）、"**磷酸二铵（多肽）**"（彩图 92）违规把内部物料分成两部分分别计量养分含量。"**腐植酸　二铵**"则存在含量重复计算（彩图 171）。

**3. 执行标准、登记手续**

问题磷酸二铵几乎全部标注执行企业标准，而氮、磷养分含量却达不到磷酸二铵规定的最低标明值，是明显的仿冒产品。

另外，对磷酸二铵名称进行修饰、修改而标注执行企业标准的化肥，应该办理肥料登记证，但问题磷酸二铵都未标出肥料登记证号。

**4. "装洋相"及夸大性宣传**

问题磷酸二铵想尽一切办法"**装洋相**"，努力把自己装扮成"**进口产品**"，同时也少不了夸大性宣传。有的标出与外国公司相同、相近的名称（彩图 91、彩图 92、彩图 96、彩图 102、彩图 171）；有的标注中外合资、联合生产（研发、推出）、灌装商名称等内容（彩图 110）；有的标注采用外国技术（彩图 99）；有的标注与外国名牌化肥相同、相近的商标名称或图案（彩图 97、彩图 98、彩图 112）。

公司名称、商标都标出目前国内有很大影响力的"**美国美盛**"产的"**磷酸二铵**"，正面标注商标为"**美国美盛™**"，背面标出商标为"**美盛®**"。养分含量违规分成"**无机粒**""**有机粒（黑）**"两部分标注，分别为"**无机粒氮≥18%　磷 46%　总养分≥64%**""**有机粒（黑）氮≥16%　钾≥2%　1∶1**"。这个养分含量不达标、且存在多重违规的产品，背文中竟标称"**美盛®二铵**""**中国农民的信心之选**""**美国美盛公司'美盛'品牌的缔造者，是全球领先的磷肥和钾肥综合供应商（IFA2015 证明）**""**美盛公司在坚持磷酸二铵传统品质的同时，研发创新，已拥有×××、×××、×××等系列产品（专利号×××××××××），并将陆续登陆中国市场，开创磷铵产品新革命**"（彩图 106、彩图 107）。

标注为"**多元素二铵**"的化肥，养分含量多项违规标注，且含量明显不足，无"两证"编号；但背文中却标称"**多元素二铵　由美国嘉吉进出口集团有限公司与山东××进出口贸易有限公司联合研发多元素二铵**""**该产品营养全面，高效多能，达到了高、中量元素搭配互补作用。对农作物的吸收利用具有极高的广泛性和有效性**""**本产品是世界最先进的多元素保密配方**"等内容；还特别鼓吹这种每袋 100 斤的化肥，"相当于普通二铵 120 斤使用"（彩图 108、彩图 109）。

上述产品明显存在违背进口产品包装标识的"三项规定"（即无"原产地"及国外、境外地名，无"进口合同号"及编号，标注执行国内肥料标准等）问题。

### （四）选购磷酸二铵提示

凡标出"磷酸二铵"名称的化肥，不管执行什么标准，氮（N）含量不得低于 13％，磷（$P_2O_5$）含量不得低于 38％，氮、磷含量不得低于 53％，达不到此标准的就是不合格产品，不能购买。

凡标出氮、磷以外的其他成分，并与氮、磷的相加，形成与正品磷酸二铵养分含量相同、相近数据（如 64％），就有混淆、假冒磷酸二铵之嫌，不能购买。

在"二铵（二安）"前面添加其他修饰词语作为名称的化肥，有的本来是合格的复混（合）肥料，为追赶潮流添加了"二铵"一类的文字；有的则是有意制造的假劣磷酸二铵。用户在没有弄清楚之前，至少不能当作正品磷酸二铵购买。有的问题需结合其他信息综合加以判断，或向有实践经验的农肥工作者咨询。

### ［附］磷酸三铵

农资市场出现以"磷酸三铵""三铵"为名称的化肥，约有 10 年左右时间。起初只是在"复合肥料"大号字体名称下面标出"磷酸三铵"一类词语。此现象虽然也属违规，但当时数量很少（彩图 113）。近年来此类问题不但没有减少，反而有了较大发展。名目繁多的"磷酸三铵""三铵"在市场上大量涌现。个别大型肥料企业也加入这一行列。

有的经销商向农民宣传："二铵比一铵好，三铵比二铵更好"；"因为是三个铵，所以养分比二铵更高"；更有甚者讲"一铵加二铵才等于三铵，所以效果更好"等。各式各样的荒谬说词，对消费者的误导性极大，危害甚广，因此有必要对此做专题介绍。

## （一）磷酸三铵基本常识

在上面介绍磷酸铵的基本常识里已经清楚，磷酸三铵是一种很不稳定的化合物，在常温常压下就会分解，释放出氨，这一特性决定了它不能做商品肥料，这就从根本上否定了其存在的合理性。所以，现在市场上标称为"三铵""××三铵"的化肥，明显是误导乃至欺骗用户，其中许多是存在严重问题的劣质肥料。

## （二）磷酸三铵常见违规标识快速识别

市场上出现的大量冠以"磷酸三铵""三铵""××三铵"一类肥料名称的产品，除了极个别是有机—无机复混肥料冒充（彩图 89）外，几乎都是复混（合）肥料来冒充的。为了更清楚地认识这一问题，下面把常见的几种形式分别加以介绍。

**1. 标注"××三铵"名称**

（1）标注复混（合）肥料标准的"××三铵"。此类标注为"××三铵"名称的化肥，制造者比较诚实地标明，这是执行 GB 15063—2009 标准的"复合肥料"。具体标注方式可分为 3 种。

①大号字标出"复合肥料"，小号字标出"××三铵"。此类肥料虽然冠以"××三铵"名称，但还有点羞羞答答，只用小号字在次要位置标出；而复合肥料的正名仍然用大号字排在醒目位置。此类情况属于违规最轻的一种。如"**黄金三铵**"（彩图 114）、"**含钾三铵**"（彩图 115）。

②大号字标注"××三铵"，模糊化通用名称。此类肥料不再羞羞答答，直接把"××三铵"用大号字作为肥料名称排在醒目位置，而把复混肥料名称采用缩小、淡化，或者彩色遮隐使之模糊化，排在次要位置，不过总算留下了这个称谓。如"**金酶三铵**"（彩图 116）、"**螯合三铵**"（彩图 117）、"**双效三铵**"（彩图 118）、

"**菌酶三铵**"（彩图 119）、"**富硒三铵**"（彩图 183）。

③只标注"××三铵"，不标注复混（合）肥料名称。此类肥料则彻底撕下遮羞布，只保留了复混（合）肥料执行标准，而不再标注复混（合）肥料名称。如"**硝硫三铵**"（彩图 120）。

（2）标注执行企业标准的"××三铵"。此类"××三铵"则更进了一步，干脆执行企业标准，从而彻底摆脱复混（合）肥料标准的诸多限制，更加方便地在养分含量上做手脚。

①大号字标注"××三铵"，同时小号字标出复混（合）肥料名称。如"**黄腐三铵**"（彩图 121）。

②大号字标注"××三铵"，无复混（合）肥料名称。此类所谓"××三铵"彻底断绝与"复混肥料"的任何关联，成了一个完完全全的所谓"新型化肥"。如"**聚能三铵**"（彩图 122）、"**螯合三铵　醛微缓释**"（彩图 123）。

（3）用"三铵"的谐音作商标混淆肥料名称。近年来，随着有关部门加强对"磷酸三铵""三铵"虚假化肥的打击，一些复混肥料不再直接标称为"磷酸三铵""三铵"，而用谐音"**三安**"（或"**四安**"）作文字商标，标注在最显眼位置，充当化肥名称，或模糊化复混肥料通用名称。如"**多酶三安™**"（彩图 125）、"**金典三安™**"（彩图 126）、"**美高四安®**"（彩图 127）。

**2. 违规标注养分**

"磷酸三铵"即使真的能做商品肥料，其化学结构决定了只含氮、磷两种营养元素，并不会含钾，更不会含有其他成分。因此，只要在"磷酸三铵"里标出氮、磷以外的其他物料成分，便是无中生有的虚构。退一步讲，即使可以标注钾，也应折算成氧化钾进行标注，而不应该标注为其他化学形态。

（1）违规标出"**钾**"。市场上的所谓"××三铵"常常标出含其他形态的"钾"。有的标出字母组合，却没有对应的汉字说明，好像有意不让人们搞不清楚到底这是什么物料。

标称为"**金酶三铵**"（彩图 116）、"**黄腐三铵**"（彩图 121），都标出含有"**黄腐酸钾**"。

标称为"黄金三铵"标出含有**"HAK"**（彩图114）。

标称为"螯合三铵 醛微缓释"标出含有**"S·HK"**（彩图123）。

标称为"菌酶三胺"的标出含有**"KOM"**（彩图128）。

标称为"黄腐酸三铵"标出含有**"BSFA"**（彩图129）。

标称为"磷硫三铵"标出含有**"s-ca"**（彩图130）。

标称为"复硒三铵"标出含有**"SE"**（彩图183）。

（2）违规标出其他物料。这些所谓"XX三铵"随意标出中微量元素及其他物料。

"菌酶三铵"标出含**"内含菌核动力、蚯蚓菌"**（彩图119）。

"聚能三铵"标出含**"活性腐植酸≥3%、锌、硼、秸秆腐熟剂10%""内含氨基酸、松土腐化剂、秸秆腐化因子、钙、铁、硼、锰、锌、镁等多种中微量元素"**（彩图122）。

"多酶三安™"标出**"特别添加：生根剂、DA-6"**（彩图125）。

一种标称为**"施尔沃 多养三安"**的肥料，违规把养分含量分成无机和有机两部分进行标注，其中无机部分标出**"氮磷钾总养分≥54%（18-18-18）"**、有机部分标出**"有机氮≥16% 腐植酸≥8% 有机质≥14% 硫≥16%"**，还标出**"含稀土、植物所需的硼、锌、锰等多种微量元素"**。无机部分与有机部分各占多大比例，这里并没有标明，所以养分含量真实数字外人无法知晓（彩图89）。

**3."装洋相"、夸大式宣传及"拉大旗"**

这些所谓"××三铵"同样不忘"装洋相"，自吹自擂式夸大性宣传；有的还打出许多吓人的招牌"拉大旗"唬人。

所谓"超一代磷酸三铵"标出**"英国帕瑞达斯贸易公司独资""国家免检"**（彩图113）。

"黄腐酸三铵"标出**"测土配方 黄金搭档 抗旱 壮苗 生根 抗寒 防病 驱虫"**（彩图129）。

"螯合三铵 醛微缓释"标出**"缓释长效 优化土壤、提高产量、保水抗旱"**（彩图123）。

"聚能三铵"标出**"新一代 升级版"**（彩图122）。

"多酶三安™"标出"**防渗免耕功能肥**"（彩图125）。

"金酶三铵"标出"**超尿素 赛二铵、不怕晒**""**品质保证 缺一赔万**"（彩图116）。

一种问题明显的"**螯合三铵**"（彩图117），标称为某省"**林科院××研究所监制**"的产品；另一种"**螯合三铵**"（彩图124），标称"**络合工艺国内缓释肥料创领者　新型功能性肥料定点生产基地**"。

所谓"双效三铵"标称为"**国家××部九五重点推广项目**"，进而要取得"**肥天下**"的效果（彩图118）。

所谓"菌酶三铵"标称"**中国农科院××研究所研制**"（彩图119）。

总之，违背化肥的基本常识，采用多种手段，硬是把普通复混肥忽悠成比"二铵"还好的"××三铵"进行误导。

**（三）选购磷酸三铵提示**

磷酸三铵的物理、化学性质决定了它不能做商品肥料，因此凡以"磷酸三铵""××磷酸三铵""三铵""××三铵"（及谐音）作为肥料名称，而没有标出其他合格通用名称的化肥，都是严重违规的产品；不管其标出的养分含量多高、宣传词语多么动听、打出的招牌多大，一律不能购买。

标出复混（合）肥料名称及执行标准，同时又标出"××三铵"一类名称的化肥，首先明确其做法已属违规，但要区别对待。有的是由于不懂得国家肥料包装标识的规定，追赶潮流而违规标注，肥料本身可能是合格的复混肥料；有的则是通过标注不应含有的成分来凑数、夸大性宣传、"拉大旗"等方法，售卖劣质肥料。购买此类化肥时应当认真按照本书介绍的化肥包装标识七项内容进行比对，或咨询有实际经验的专业人员咨询后再做决定。

## 二、磷酸二氢钾

磷酸二氢钾（分子式 $KH_2PO_4$）是含磷、钾的复合肥料，磷、钾养分含量极高，且都是作物可以直接吸收、利用的形态，对农作物安全性好，增产效果明显，是农户非常欢迎的肥料，被俗称为"化肥精"，也常常简称为"二氢钾"。恰恰是这一简称，给制假者提供了许多便利。

## （一）磷酸二氢钾基本常识

磷酸二氢钾为白色晶体，物理、化学性质稳定，无味道。肥料级磷酸二氢钾执行行业标准，编号为 HG/T 2321—2016。

肥料级磷酸二氢钾主要技术指标：

| 项　　目 | 等　级 | | |
| --- | --- | --- | --- |
| | 优等品 | 一等品 | 合格品 |
| 磷酸二氢钾（$KH_2PO_4$）的质量分数（%） | ≥98.0 | ≥96.0 | ≥94.0 |
| 水溶性五氧化二磷（$H_2PO_5$）的质量分数（%） | ≥51.0 | ≥50.0 | ≥49.0 |
| 氧化钾（$K_2O$）的质量分数（%） | ≥33.8 | ≥33.2 | ≥30.5 |
| 水分（%） | ≤0.5 | ≤1.0 | ≤1.5 |
| 氯化物（Cl）的质量分数（%） | ≤1.0 | ≤1.5 | ≤3.0 |
| 水不溶物的质量分数（%） | ≤0.3 | | |
| pH | 4.3～4.9 | | |
| 砷及其化合物的质量分数（以 As 计）（%） | ≤0.005 0 | | |
| 镉及其化合物的质量分数（以 Cd 计）（%） | ≤0.001 0 | | |
| 铅及其化合物的质量分数（以 Pb 计）（%） | ≤0.020 0 | | |
| 铬及其化合物的质量分数（以 Cr 计）（%） | ≤0.050 0 | | |
| 汞及其化合物的质量分数（以 Hg 计）（%） | ≤0.000 5 | | |

本技术指标需特别关注要点：①磷酸二氢钾的磷（$P_2O_5$）含量不得低于 49%，钾（$K_2O$）含量不得低于 30.5%；磷酸二氢钾（$KH_2PO_4$）含量不得低于 94%；②磷酸二氢钾的磷全部是水溶性磷。磷酸二氢钾合格包装标识如彩图 205。

磷酸二氢钾在外形上与硫酸镁很相似，但价格通常是硫酸镁十几倍之多。因此，制假者常用硫酸镁冒充磷酸二氢钾。现在假冒的磷酸二氢钾名目繁多、形式多样。可以悲观地说，前些年笔者在内蒙古西部基层农资零售网点，见到的正品磷酸二氢钾属于少数。一些人用硫酸镁或以硫酸镁为主原料再掺混一些别的物料来假冒磷酸二氢钾，几乎是公开的秘密。硫酸镁里所含的硫、镁也是植物必需的营养元素。补充一定数量的镁、硫元素，对农作物也有一些效果，因此有时候不易察觉。

### （二）磷酸二氢钾快速定性识别

**1. 外观、气味**

磷酸二氢钾外观呈白色结晶或粉末状，没有味道。有的造假者在假货中添加香精一类物料来忽悠消费者。因此，开袋后能闻到氨味、奶香味、腐臭味等各种异味的是假货。

**2. 暴晒试验**

取少量磷酸二氢钾在阳光下持续暴晒半天，性状不发生变化；若性状发生其他变化则疑似假货。

**3. 溶解试验**

在 100 克（二两）20℃纯净水中，少量多次计量加入磷酸二氢钾，溶液始终为透明液体，无任何沉淀物，充分搅拌后最大溶解量（溶解度）为 2.26 克；同样的条件下假品的溶液可能混浊，且最大溶解量相差很大，如纯品硫酸镁最大溶解量会高出好多。

用 pH 广范试纸测试显酸性（变红色），加入碱性物质进行反应，会有气泡溢出。假货一般不具有上述特点。

**4. 灼烧**

取少许磷酸二氢钾在烧红的铁片上灼烧，有紫色火焰。假货常不具有本特点。

**5. 售价辅助参考**

以目前的生产成本看，400 克小包装肥料级的磷酸二氢钾，零售价格应不低于 4 元。农资市场零售的假冒磷酸二氢钾一般是低价销售。笔者在市场上常能看到一包 400 克包装的"磷酸二氢钾"，零售价只有 1～2 元，不到合格产品最低价的一半。这些明显低于成本价格的"磷酸二氢钾"一定是问题产品。

### （三）磷酸二氢钾常见违规标识快速识别

**1. 修改名称与执行标准，或用其他肥料冒充**

（1）修改通用名称。问题磷酸二氢钾首先会在肥料名称上做文章，费尽心机对"磷酸二氢钾"通用名称进行修改。

①对"磷酸二氢钾"名称进行修饰。常见的问题磷酸二氢钾许多都会在"磷酸二氢钾"名称附近添加一些修饰词语。

修饰为"改进型 磷酸二氢钾 **天瑞磷钾铵**"（彩图131）、修饰为"**纯品 磷酸二氢钾**"（彩图136）、修饰为"**磷酸二氢钾**""**最新改进型**"（彩图139）、修饰为"**大丰收 多微磷酸二氢钾型**"（彩图140）。

②在"二氢钾"前面加上别的词语。利用人们常把磷酸二氢钾简称为"二氢钾"，把"磷酸"二字去掉，在"二氢钾"前面加上别的词语，组成新的名称。

"**喷施旺** 硼钼二氢钾改进型产品"（彩图132）、"纳米技术 **上海二氢钾**"（彩图135）、"**超能二氢钾**"（彩图137）、"**巨能二氢钾**™"（彩图138）等。

③有的则干脆去掉"磷酸二氢钾""二氢钾"名称，自拟全新的疑似肥料名称（或以文字商标）。如"**磷钾动力**™"（彩图13）。

（2）执行企业标准的违规问题。问题磷酸二氢钾许多不执行原有的行业标准，而标注执行企业标准。这些问题化肥大都存在无登记证号、养分含量违规标注、磷钾含量达不到规定的最低标明值等严重问题。

标注执行企业标准的所谓"**喷施旺** 硼钼二氢钾改进型产品"，连磷、钾含量都没有标出（彩图132）。

执行企业标准、名称为"改进型 磷酸二氢钾 **天瑞磷钾铵**"，标出"$N+P_2O_5+K_2O \geqslant 50\%$ 10-22-18""$S+Mg+Ca \geqslant 15\%$"，分明是磷钾含量未达到最低标明值的假冒肥料（彩图131）。

执行企业标准、名称为"**上海二氢钾**"，只标出"**纯度**$\geqslant 98\%$"，无磷、钾单一养分含量数字（彩图135）。

（3）用其他肥料冒充磷酸二氢钾。一些化肥本来清清楚楚地标出其他肥料的执行标准，却偏要标注"磷酸二氢钾"名称，弄虚作假有点不打自招的味道。

①用大量元素水溶肥料冒充。标注大量元素水溶肥料执行标准（NY 1107—2010），名称却标注为"磷酸二氢钾""最新改进型"（彩图 139）。

②用微量元素叶面肥料冒充。标注微量元素叶面肥料执行标准（GB/T 17420—1998），冒名"磷酸二氢钾"现象十分普遍。如：标称为**"纯品 磷酸二氢钾"**（彩图 136）、标称为**"超能二氢钾"**（彩图 137）、标称为**"巨能二氢钾"**（彩图 138）等。

③用微量元素水溶肥料冒充。标注微量元素水溶肥料执行标准（NY 1428—2010），名称却标注为**"大丰收 多微磷酸二氢钾型"**（彩图 140）。

④标出非化肥标准的冒牌产品。最为不可思议的是，在第一章（B4）中已经例列的标称为**"加拿大好美特（集团）作物保护有限公司"**的**"磷酸二氢钾 改进型"**，经查对所标注的执行标准"GB/T 17402—1998"，竟然是《**食用氢化油卫生标准**》。造假程度可谓登峰造极（彩图 141）。

**2. 养分违规标注、夸大性宣传、装"洋相""拉大旗"**

在上面介绍的几类问题中，已附带列了一些违规标注养分含量的情况。问题磷酸二氢钾常常违规标出不应含有的营养元素和其他物料成分，同时也少不了夸大性宣传、装"洋相""拉大旗"等违规做法。

肥料名称标称为**"喷施旺 硼钼二氢钾改进型产品"**，没有一点磷、钾含量，却别出心裁标注为**"工业含量≥98%"**，还违规合计在一起标出**"B+Zn+Fe+Mg+S≥20%"**，无单一元素养分含量；夸大性宣传为**"用肥新理念 补微是关键 肥效看得见 增产沉甸甸""全面补充营养 丰收一步到位""针对东北黑土地特别研制一袋（1 500 克）管用 15 亩地"**，居然还标称**"国家××部达标产品"**（彩图 132）。

标称为**"台湾田宝农业开发有限公司"**的所谓**"磷酸二氢钾"**，没有标注**"原产地"**及地名，没有**"进口合同号"**，反而标注大陆企业标准及**"两证"**编号，显然是假冒进口产品。该产品养分含量违规标为"**纯度≥98％**",没有任何营养元素名称,还夸大性宣传为"**新配方 新科技 高效力**"(彩图 133)。

用文字商标"**磷钾动力™**"替代肥料名称,标称为"**进口产品**",并标出"**代理商**"为国内某公司,却没有标注"**原产地**"及地名、"**进口合同号**",显然是明显的假冒进口产品(彩图 134)。

标出违规名称"**纳米技术 上海二氢钾**",竟然没有标注养分含量,却鼓吹"**纳米技术**""**××保险公司承保**"等内容(彩图 135)。

标注微量元素叶面肥料执行标准,违规标称为"**纯品 磷酸二氢钾**"的化肥,标出"**本品采用 98％的磷酸二氢钾,辅以 Cu Mn B Fe Mo Zn 等微量元素,引进 USA OMICAS INTL CHEMICAL GROUP CORP 合成技术,效果神奇**",为"**全球 EVX 最新一代植物生长增产剂**"等违规宣传内容(彩图 136)。

### (四)选购磷酸二氢钾提示

凡名称中含有"磷酸二氢钾"字样的化肥,不管其标注什么执行标准,磷($P_2O_5$)含量不得低于 49％,氧化钾($K_2O$)含量不得低于 30.5％,磷酸二氢钾含量不得低于 94％,达不到此标准的就是不合格产品,不能购买。

名称中没有"磷酸"仅含有"二氢钾"字样的化肥,或者标出磷、钾以外其他成分的化肥,都不是正品磷酸二氢钾,切不能当成正品磷酸二氢钾购买。

磷酸二氢钾价格很高,如果购买数量较大,建议结合快速定性识别方法进行识别,然后再作决定。

# 第六节 水溶肥料

水溶肥料,顾名思义是能迅速地溶解于水中,易被作物吸收,且吸收利用率较高的肥料。水溶肥料可以根据作物生长发育不同阶段随时对肥料配方作出调整,也可以随时对使用浓度进行调节,容易做到用肥合理、及时、安全。水溶肥料利于实现水肥一体化,具有节水、省肥、省工的效能。水溶肥料分为液体或固体肥料形态,广泛用于喷灌、滴灌等机械作业，也便于人工叶面施肥、无土栽培、浸种、蘸根等。

## 一、水溶肥料基本常识

目前有行业标准的水溶肥料共有 5 种：大量元素水溶肥料（分中量元素型和微量元素型）、中量元素水溶肥料、微量元素水溶肥料、含腐殖酸水溶肥料（分大量元素型和微量元素型）、含氨基酸水溶肥料（分中量元素型和微量元素型）。

以上每一种剂型的水溶肥料又有固体和液体两种形态的指标。分述如下：

### （一）大量元素水溶肥料

大量元素水溶肥料就是以大量元素氮、磷、钾为主要成分，添加适量中微量元素的液体或固体水溶肥料。大量元素水溶肥料执行标准为（NY 1107—2010）。

**1. 大量元素水溶肥料（中量元素型）固体产品主要技术指标**

| 项　　目 | 指标 |
| --- | --- |
| 大量元素含量 a（％） | ≥50 |
| 中量元素含量 b（％） | ≥1 |
| 水不溶物含量（％） | ≤5 |
| pH（1∶250 倍稀释） | 3.0～9.0 |
| 水分（$H_2O$）（％） | ≤3.0 |

a. 大量元素含量指 N、$P_2O_5$、$K_2O$ 含量之和，产品至少包含两种大量元素。单一大量元素含量不低于 4％。

b. 中量元素含量是指钙、镁元素之和。产品至少包含一种中量元素。含量不低于 0.1％单一中量元素均应计入中量元素含量中。

**2. 大量元素水溶肥料（中量元素型）液体产品主要技术指标**

| 项　　目 | 指标 |
| --- | --- |
| 大量元素含量 a（克/升） | ≥500 |
| 中量元素含量 b（克/升） | ≥10 |

（续）

| 项　目 | 指标 |
|--------|------|
| 水不溶物含量（克/升） | ≤50 |
| pH（1∶250 倍稀释） | 3.0～9.0 |

　　a. 大量元素含量指 N、$P_2O_5$、$K_2O$ 含量之和，产品至少包含两种大量元素。单一大量元素含量不低于 40 克/升。

　　b. 中量元素含量是指钙、镁元素之和。产品至少包含一种中量元素。含量不低于 1 克/升单一中量元素均应计入到中量元素含量中。

## 3. 大量元素水溶肥料（微量元素型）固体产品主要技术指标

| 项　目 | 指标 |
|--------|------|
| 大量元素含量 a（%） | ≥50 |
| 微量元素含量 b（%） | 0.2～3.0 |
| 水不溶物含量（%） | ≤5 |
| pH（1∶250 倍稀释） | 3.0～9.0 |
| 水分（$H_2O$）（%） | ≤3.0 |

　　a. 大量元素含量指 N、$P_2O_5$、$K_2O$ 含量之和，产品至少包含两种大量元素。单一大量元素含量不低于 4%。

　　b. 微量元素含量是指铜、铁、锰、锌、钼、硼元素之和。产品至少包含一种微量元素。含量不低于 0.05% 单一微量元素均应计入微量元素含量中。钼含量不高于 0.5%。

## 4. 大量元素水溶肥料（微量元素型）液体产品主要技术指标

| 项　目 | 指标 |
|--------|------|
| 大量元素含量 a（克/升） | ≥500 |
| 微量元素含量 b（克/升） | 2～30 |
| 水不溶物含量（克/升） | ≤50 |
| pH（1∶250 倍稀释） | 3.0～9.0 |

　　a. 大量元素含量指 N、$P_2O_5$、$K_2O$ 含量之和，产品至少包含两种大量元素。单一大量元素含量不低于 40 克/升。

　　b. 微量元素含量是指铜、铁、锰、锌、钼、硼元素之和。产品至少包含一种微量元素。含量不低于 0.5 克/升单一微量元素均应计入微量元素含量中。钼含量不高于 5 克/升。

本技术指标需特别关注要点：①大量元素水溶肥料（N、$P_2O_5$、$K_2O$）要至少包含两种大量元素，其含量之和固体≥50％、液体≥500克/升。②标出的单一大量元素含量不低于4％。③标出的中、微量元素含量必须达到最低限量要求。④大量元素水溶肥料中汞、砷、镉、铅、铬限量指标应符合 NY 1110 要求（以单质元素计·毫克/千克），汞≤5、砷≤10、镉≤10、铅≤50、铬≤50（以下各类水溶肥料本项内容要求相同，不再提示）。

### （二）中量元素水溶肥料

中量元素水溶肥料就是以中量元素钙、镁为主要成分的液体或固体水溶肥料。执行标准为 NY 2266—2012。

### 1. 中量元素水溶肥料固体产品主要技术指标

| 项　　目 | 指标 |
| --- | --- |
| 中量元素含量 a（％） | ≥10 |
| 水不溶物含量（％） | ≤5 |
| pH（1∶250 倍稀释） | 3.0～10.0 |
| 水分（$H_2O$）（％） | ≤6.0 |

　　中量元素含量是指钙含量，或镁含量，或钙、镁含量之和。含量不低于1.0％单一中量元素均应计入中量元素含量中。硫元素不计入中量元素含量，仅在标识中标注。

### 2. 中量元素水溶肥料液体产品主要技术指标

| 项　　目 | 指标 |
| --- | --- |
| 中量元素含量 a（克/升） | ≥100 |
| 水不溶物含量（克/升） | ≤50 |
| pH（1∶250 倍稀释） | 3.0～9.0 |

　　a. 中量元素含量是指钙含量，或镁含量，或钙、镁含量之和。含量不低于10克/升单一中量元素均应计入中量元素含量中。硫元素不计入中量元素含量，仅在标识中标注。

本技术指标需特别关注要点：①中量元素（钙、镁或钙＋镁）含量固体≥10％、液体≥100克/升。②标出的单一中量元素含量固体≥1%、液体≥10 克/升。③硫元素可标出，但不得计入总含量。

### (三) 微量元素水溶肥料

微量元素水溶肥料是由铜、锌、铁、锰、硼、钼微量元素按所需比例制成的或单一微量元素制成的液体或固体水溶肥料。执行标准为 NY 1428—2010。

#### 1. 微量元素水溶肥料固体产品主要技术指标

| 项　目 | 指标 |
| --- | --- |
| 微量元素含量 a（%） | ≥10 |
| 水不溶物含量（%） | ≤5 |
| pH（1：250 倍稀释） | 3.0～10.0 |
| 水分（$H_2O$）（%） | ≤6.0 |

a. 微量元素含量是指铜、铁、锰、锌、钼、硼元素之和。产品至少包含一种微量元素。含量不低于 0.05%单一微量元素均应计入微量元素含量中。钼含量不高于 1%（单质含钼微量元素产品除外）。

#### 2. 微量元素水溶肥料液体产品主要技术指标

| 项　目 | 指标 |
| --- | --- |
| 微量元素含量 a（克/升） | ≥100 |
| 水不溶物含量（克/升） | ≤50 |
| pH（1：250 倍稀释） | 3.0～10.0 |

a. 微量元素含量是指铜、铁、锰、锌、钼、硼元素之和。产品至少包含一种微量元素。含量不低于 0.5 克/升单一微量元素均应计入微量元素含量中。钼含量不高于 10 克/升（单质含钼微量元素产品除外）。

本技术指标需特别关注要点：①微量元素（铜、铁、锰、锌、硼、钼）含量固体≥10%、液体≥100 克/升。②标出的单一微量元素含量固体≥0.05%、液体≥0.5 克/升。③钼含量固体≤1%、液体≤10 克/升（单质含钼微量元素产品除外）。

### (四) 含腐殖酸水溶肥料

含腐殖酸水溶肥料是一种含腐殖酸类物质，添加适量氮、磷、钾大量元素或铜、铁、锰、锌、硼、钼微量元素制成的固体或液体水溶肥料。执行标准为 NY 1106—2010。含腐殖酸水溶肥料分为：大量元素型、微量元素型；每种型剂有固体和液体两种形态指标。

**1. 含腐殖酸水溶肥料（大量元素型）固体产品主要技术指标**

| 项　　目 | 指标 |
| --- | --- |
| 腐殖酸含量（％） | ≥3.0 |
| 大量元素含量 a（％） | ≥20.0 |
| 水不溶物含量（％） | ≤5.0 |
| pH（1∶250 倍稀释） | 4.0～10.0 |
| 水分（$H_2O$,％） | ≤5.0 |

　a. 大量元素含量指 N、$P_2O_5$、$K_2O$ 含量之和，产品至少包含两种大量元素。单一大量元素含量不低于 2％。

**2. 含腐殖酸水溶肥料（大量元素型）液体产品主要技术指标**

| 项　　目 | 指标 |
| --- | --- |
| 腐殖酸含量（克/升） | ≥30 |
| 大量元素含量 a（克/升） | ≥200 |
| 水不溶物含量（克/升） | ≤50 |
| pH（1∶250 倍稀释） | 4.0～10.0 |

　a. 大量元素含量指 N、$P_2O_5$、$K_2O$ 含量之和，产品至少包含两种大量元素。单一大量元素含量不低于 20 克/升。

**3. 含腐殖酸水溶肥料（微量元素型）固体产品主要技术指标**

| 项　　目 | 指标 |
| --- | --- |
| 腐殖酸含量（％） | ≥3.0 |
| 微量元素含量 a（％） | ≥6.0 |

（续）

| 项　目 | 指标 |
| --- | --- |
| 水不溶物含量（%） | ≤5.0 |
| pH（1∶250 倍稀释） | 4.0～10.0 |
| 水分（$H_2O$）（%） | ≤5.0 |

a. 微量元素含量是指铜、铁、锰、锌、钼、硼元素之和。产品至少包含一种微量元素。含量不低于 0.05% 单一微量元素均应计入微量元素含量中。钼含量不高于 0.5%。

### 4. 含腐殖酸水溶肥料（微量元素型）液体产品主要技术指标

| 项　目 | 指标 |
| --- | --- |
| 腐殖酸含量（克/升） | ≥30 |
| 微量元素含量 a（克/升） | ≥60 |
| 水不溶物含量（克/升） | ≤50 |
| pH（1∶250 倍稀释） | 4.0～10.0 |

a. 微量元素含量是指铜、铁、锰、锌、钼、硼元素之和。产品至少包含一种微量元素。含量不低于 0.5% 单一微量元素均应计入微量元素含量中。钼含量不高于 5 克/升。

本技术指标需特别关注要点：①腐殖酸含量固体≥3%、液体≥30 克/升；②大量元素含量合计固体≥20%、液体≥200 克/升，标出的单一大量元素含量固体≥2%、液体≥200 克/升，产品至少包含两种大量元素；③微量元素含量合计固体≥6%、液体≥60 克/升；标出的单一微量元素含量固体≥0.05%、液体≥0.5 克/升。钼含量固体≤0.5%、液体≤5 克/升。

### （五）含氨基酸水溶肥料

含氨基酸水溶肥料是以游离氨基酸为主体的，添加适量钙镁中量元素或铜、铁、锰、锌、硼、钼微量元素而制成的固体或液体水溶肥料。执行标准为 NY 1429—2010。含氨基酸水溶肥料分为：中量元素型、微量元素型。

## 1. 含氨基酸水溶肥料（中量元素型）固体产品主要技术指标

| 项　目 | 指标 |
|---|---|
| 游离氨基酸含量（％） | ≥10.0 |
| 中量元素含量 a（％） | ≥3.0 |
| 水不溶物含量（％） | ≤5.0 |
| pH 值（1∶250 倍稀释） | 3.0～9.0 |
| 水分（H₂O）（％） | ≤4.0 |

a. 中量元素含量是指钙、镁元素之和。产品至少包含一种中量元素。含量不低于 0.1％单一中量元素均应计入中量元素含量中。

## 2. 含氨基酸水溶肥料（中量元素型）液体产品主要技术指标

| 项　目 | 指标 |
|---|---|
| 游离氨基酸含量（克/升） | ≥100 |
| 中量元素含量 a（克/升） | ≥30 |
| 水不溶物含量（克/升） | ≤50 |
| pH（1∶250 倍稀释） | 3.0～9.0 |

a. 中量元素含量是指钙、镁元素之和。产品至少包含一种中量元素。含量不低于 1 克/升单一中量元素均应计入中量元素含量中。

## 3. 含氨基酸水溶肥料（微量元素型）固体产品主要技术指标

| 项　目 | 指标 |
|---|---|
| 游离氨基酸含量（％） | ≥10.0 |
| 微量元素含量 a（％） | ≥2.0 |
| 水不溶物含量（％） | ≤5.0 |
| pH（1∶250 倍稀释） | 3.0～9.0 |
| 水分（H₂O）（％） | ≤4.0 |

a. 微量元素含量是指铜、铁、锰、锌、钼、硼元素之和。产品至少包含一种微量元素。含量不低于 0.05％单一微量元素均应计入微量元素含量中。钼含量不高于 0.5％。

## 4. 含氨基酸水溶肥料（微量元素型）液体产品主要技术指标

| 项　　目 | 指标 |
| --- | --- |
| 游离氨基酸含量（克/升） | ≥100 |
| 微量元素含量 a（克/升） | ≥20 |
| 水不溶物含量（克/升） | ≤50 |
| pH（1∶250 倍稀释） | 3.0～9.0 |

　　a. 微量元素含量是指铜、铁、锰、锌、钼、硼元素之和。产品至少包含一种微量元素。含量不低于 0.5 克/升单一微量元素均应计入微量元素含量中。钼含量不高于 5 克/升。

　　本技术指标需特别关注要点：①游离氨基酸含量固体≥10％、液体≥100 克/升；②中量元素（钙、镁或钙＋镁）含量合计固体≥3％、液体≥30 克/升，标出的单一中量元素含量固体≥1％、液体≥10 克/升，产品至少包含一种中量元素；③微量元素（铜、铁、锰、锌、硼、钼）含量合计固体≥2％、液体≥20 克/升；标出的单一微量元素含量固体≥0.05％、液体≥0.5 克/升。钼含量固体≤0.5％、液体≤5 克/升。

　　水溶肥料的包装标识与其他肥料一样，都要标明：化肥通用名称、执行标准编号、剂型、净含量、批号或生产日期、企业名称及地址、联系方式等常规内容。水溶肥料必须标注由农业部核发的肥料登记证号。

　　大量元素水溶肥料合格包装标识如彩图 207；含腐殖酸水溶肥料合格包装标识如彩图 208。

　　水溶肥料具有上述诸多优点，虽广泛运用时间不太长，但发展十分迅速。目前此类化肥存在的问题也很普遍，有的问题很严重。

## 二、水溶肥料快速定性识别

### 1. 看水溶性

　　一般来说，好的水溶肥料选用的原材料等级较高，有的已达到工业级、食品级。纯度高的水溶肥料必然杂质少，没有或很少添加其他填充物料。固体水溶肥料投入清水中，溶解速度快、溶液清澈；如果溶液有浑浊甚至有较多沉淀，则说明含量较低，至少不宜用于滴灌系统。

**2. 闻味道**

好的全水溶性肥料都是用较高纯度的原材料制成，一般不会有明显的异味；而有异味的水溶肥料常常是因为添加了其他物料所致。现在比较多见的是添加植物生长调节剂（有人常误称为"激素"）。植物生长调节剂能够使农作物明显加快养分吸收速度。合理使用植物生长调节剂对作物生长有一定益处；但如果超量或过度频繁使用，就会在表观上见效很快，但对农作物抗病能力、耐储存能力和持续生长发育没有好处。现在，一些宣称"×小时内见效"的肥料，明显违背了化肥营养正常吸收的基本原理，极有可能是超量添加了此类物料。

**3. 分类识别**

水溶肥料品种多，有的品种分为不同剂型，且全部有固体、液体两种形态；因此难以用统一的方法进行识别。这就要求用户要按照每一品种、剂型、形态的基本特点分别进行识别。凡不符合执行标准规定的，一律不得以合格品看待。

## 三、水溶肥料常见违规标识快速识别

### （一）通用名称、执行标准及商标问题

水溶肥料与其他各类化肥一样，必须在包装标识上，用最大号字体清清楚楚地标出化肥通用名称与对应的执行标准。现在不少水溶肥料公开违反这一规定。

**1. 无合格的通用名称**

不少水溶肥料没有标出合格的通用名称。标注执行微量元素水溶肥料标准，却无对应的肥料名称，标出的**"地下霸主™""纯天然地下作物增产剂""纯天然地下作物修复诱导剂"**三个疑似名称，没有一个是合格的通用名称（彩图142）。

在"水溶肥"前面添加了明令禁止使用的"全元素"，就变成

了"**全元素水溶肥**"这一违规肥料名称。该肥料标出"**氮+磷+钾**≥**13%   有机质**≥**45%   黄腐酸**≥**30%**",没有标注执行标准,所以无法判断到底属于哪一种水溶肥料。根据标注的养分含量与 5 种水溶肥料执行标准比对,竟然没有一种相符合(彩图 152)。

标注"含腐植酸水溶肥料"标准(NY 1106)的肥料,在"水溶肥"前面添加了"**碳酶型**"三个字,这样就变成了"**碳酶型水溶肥**"这样一个莫须有的名称(彩图 144)。

一种自拟违规名称为"**硝铵钾**",下面用极小字体标出"颗粒全水溶肥料"(彩图 151)。

**2. 模糊化通用名称**

有的水溶肥料标出了合格的通用名称,但采用缩小、淡化、遮隐、移位等方法,使其模糊化,而把自拟的违规名称排在显眼位置,来混淆通用名称。

标注执行含腐殖酸水溶肥料标准的化肥,把通用名称"含腐殖酸水溶肥料"字体缩小排在缝隙里,而把自拟的"**多酶海藻酸钾**"名称用最大号字体标注在最显眼位置(彩图 145)。

标注中量元素水溶肥料执行标准,却把"中量元素水溶肥料"缩小后排在夹缝里,在最显眼位置用大号字标出这个概念不清的"**矿源中微**"(彩图 147)。

在显眼位置用大号字标出自拟的违规肥料名称"**金典**",明显有夸大性宣传之嫌,而把"含腐殖酸水溶肥料"通用名称缩小后排在不显眼的位置标出(彩图 153)。

**3. 文字商标混淆通用名称**

用文字商标混淆肥料通用名称的问题,第一章(C2)已做过介绍。用直接、间接宣传肥料功效、内含成分等文字内容作为商标,标注在肥料名称的位置,目的就是要混淆肥料通用名称。此做法在水溶肥料尤为突出。

把文字商标为"**土豪金**™"(彩图 149)、"**土好力**®"(彩图 150)标注在醒目位置,却在下面不显眼的地方标出存在违规的化肥名称"**含黄腐酸水溶肥料**"。

用文字商标混淆通用名称的现象，在微量元素水溶肥料比较多见。如上面已例列的"**地下霸主**™"（彩图 142）；用最大号字标出商标"**绿色原子弹**®"，用中号字标出"**中微量元素控释肥**"违规名称，却用最小号字体在最下方边角位置标出"**肥料类别：微量元素水溶肥**"（彩图 143）。

一种含腐殖酸水溶肥料在原有一个商标的情况下，又增加了一个听起来很厉害的文字商标"**粒上皇**™"（彩图 144）。此外，如"**果使佳**™"（彩图 146）、"**金微宝**™"（彩图 148）等都存在这一问题。

**4. 无执行标准**

个别水溶肥料违规没有标出执行标准。如"**全元素水溶肥**"（彩图 152）、"**金典**"（彩图 153）。

**（二）养分含量**

水溶肥料养分含量违规标注问题比较普遍，有的方面甚至更为严重。

**1. 标注虚假养分**

前述的微量元素水溶肥料"**地下霸主**™"，养分含量竟然标出"**Mn＋Zn＋B≥100％**"。肥料里的锰、锌、硼通常是硫酸锰、硫酸锌、硼酸（或硼砂）等物料，单质的锰、锌、硼含量很低。这里标出三种单质微量元素相加在一起，形成虚假的"≥100％"！可见，连最起码的化学常识都不清楚（彩图 142）。

一些水溶肥料违规标注本肥料不应有的物料成分。如标称为"**粒上皇**™　**碳酶型水溶肥**"，标出含腐殖酸水溶肥料执行标准，却标出"**解淀粉芽孢杆菌　枯草芽孢杆菌　地衣芽孢杆菌**""**松土精≥6％**"。这些"杆菌"是跨越肥料品种界限的成分，而"松土精"则是概念糊涂且与水溶肥料不搭边（彩图 144）。标称为"**多酶海藻酸钾**（含腐植酸水溶肥料）"，标出含腐殖酸水溶肥料执行标准，标出"**海藻酸、甲壳素、生根粉、DPE 原粉、鱼蛋白、营养稀土、藻朊剂、细胞分裂素**"。这些物料有的概念模糊，有的与本肥料无关，有的则明显错谬（彩图 145）。

**2. 违规以螯合态标注**

水溶肥料的中微量元素含量，应按单一元素质量百分数标注。现在一些水溶肥料直接用"EDTA"螯合态计量标注中微量元素（彩图 144、彩图 146、彩图 149、彩图 150）。

**（三）批准手续**

水溶肥料必须在农业部办理登记手续。

一些水溶肥料却没有在显眼位置标出登记证号（彩图 151、彩图 152、彩图 153）；有的虽然标出肥料登记证号，但是连批准年号都没有，与农业部肥料登记证号固定格式明显不符，涉嫌虚假（彩图 143、彩图 148）。

**（四）"装洋相"、夸大性宣传及"拉大旗"**

水溶肥料"装洋相"问题也很突出。如用"**果使佳™**"混淆肥料名称的水溶肥料，努力把自己装扮成进口产品。企业名称标注为"**台湾捷农企业集团**"，包装标识许多汉字用繁体字标出；标出"**原产地：中国台湾**"，却没有标注进口合同号，反而标注执行中国大陆含腐殖酸水溶肥料标准（NY 1106）及肥料登记证号。可见，这是明显的假冒进口产品，但仍不忘吹嘘为"**点点珍稀 滴滴精华**"（彩图 146）。

明显违规的肥料所谓"**全元素水溶肥**"，却标出功效宣传语"**棕色的颗粒劲更大**"，还标出大量外文"装洋相"（彩图 152）。

存在多重严重问题的肥料"**地下霸主™**"，居然标称"**中国农科院××中心推荐产品**""**中国脱乙酰应用技术领先服务品牌**""**欧盟有机作物授权使用产品**"（彩图 142）。

前面多次例列的"**绿色原子弹®**"，标有"**国家发明专利**"号，还标出少见的口号："**绿色原子弹 引爆高产奇迹！**"（彩图 143）。

"**粒上皇™ 碳酶型水溶肥**"标出"**抗病增产/活化土壤/高抗重茬/抑制线虫**"，随意夸大肥料功效（彩图 144）。

某化肥用"**矿源中微**"夸大性称谓混淆肥料名称（通用名称故意模糊化），标出"**富含**"9 种营养元素名称而全部没有标出单一元素含量；却标出冠有"**国家级**"科技企业的头衔 3 种称谓（彩图

147）。

某水溶肥料标称"**专注农资安全 60 年　　至诚于中　　服务于农**"，标出"**含腐殖酸 微生物 硅钙镁**"而没有标出含量，夸大性宣传为"**补微 补菌 调盐 调酸**"，登记证号无年份数字，竟标称为"**中国农业××协会推广产品**"、国家"**××部权威高科技 技术配方工艺**"（彩图 148）。

一种标出违规名称"**硝铵钾 颗粒全水溶肥料**"，标出含黄腐酸钾而没有标出氧化钾含量；标出"**加锌**"却没有含量；还标出"**硝硫基**""**聚天门冬氨酸　脲酶　硝化抑制剂　多肽磁力素等**"内容；标注执行企业标准无没有登记证号；还夸大性宣传什么"**一次就一袋·管用**""**抗盐碱　解磷钾　高肥效　免深耕　驱虫防病　保水保肥**""**抗倒伏**"等夸大性的宣传内容。这一存在多重问题的化肥，却标称为"**政府采购推荐品牌**"（彩图 151）。

费尽心机装扮"**进口产品**"、进行夸大性宣传、以及"**拉大旗**"忽悠，水溶肥料常可以卖出高价甚至超高价。笔者于 2016 年在内蒙古西部某市场所见，用这样的方法把一种标出氮磷钾含量仅 25%、5 千克包装的水溶肥料，零售价卖到 100 元，折合每吨 2 万元，比国内等养分水溶肥料高出十多倍，可是一些农户还在积极购买。

## 四、选购水溶肥料提示

水溶肥料品种、剂型较多。选购时要依照包装标识七项内容，对肥料包装标识按照认真进行审查。

凡养分含量达不到执行标准规定的最低标明值的，就不能购买。

肥料登记证号必须是农业部核发的编号，标出省级农业部门的肥料登记证号的，就一定是问题肥料，不能购买。对肥料登记证号存疑的，可以在国家相关网站上查阅。正规生产企业的肥料登记证号、企业基本信息都应查到；如果查不到，则说明该产品极有可能是问题产品，在未经证实是合格品之前不宜购买。

## 【本章小结】

本章介绍了常用化肥快速定性识别和包装标识快速识别的相关基本知识。这里介绍的快速识别方法，可作为化肥的初步定性识别使用，如需了解化肥养分含量的确切数据，则要通过化验分析来确定。

如果某化肥在快速定性识别时，就出现明显不符合本化肥基本特征的现象，那么该化肥属于问题化肥的可能性极大。这时应结合包装标识进行综合分析，一般都可得以确认。

# 第三章　选购化肥注意事项

问题化肥的大量出现，给我们选购化肥带来不少麻烦。在实际选购化肥的时候，需要特别注意以下事项。

## 一、要到正规的、信誉好的农资经营单位购买

严守规矩的化肥生产企业都会选择正规的经销商来销售。这里所说的"正规"，指的是具有以下要素的经营单位。

### 1. 有肥料经营手续

国家规定经营农资的营业执照等证照要展示在店内显眼处。有没有营业执照是销售者的销售行为是否具有合法性的问题。

### 2. 有固定经营场所

就是在万一发生质量问题的时候，有承担责任的地方可找。

### 3. 信誉较好

就是以往无有意售卖假冒伪劣农资的不良记录，不哄不骗，敢于承担责任的经销商。

不能到无资质的销售网点购买，更不能购买走乡串村无证照流动商贩的肥料，哪怕是熟人领来的。因为这种形式销售的化肥，产品质量存在严重的不确定性，而且一旦发生质量问题，维权难度极大。

即使到正规的农资经营单位选购化肥，也必须按照本书介绍的方法，认真察看包装标识七项内容，重点内容一定要看得清清楚楚、搞得明明白白。

## 二、远离误区

### 1. 包装袋美感误区

一些化肥包装袋上画出各种各样的农作物或农产品图形。这些

图形外形美观、健壮、硕大，常表示出诱人的高产效果。用户在选购化肥的时候，一定要明白：这些图形并不能代表使用本化肥后就会长出与图形一样的产品。就是说，包装袋上画出大玉米的化肥不一定能长出大玉米！

**2. 企业标准误区**

对标注执行企业标准的化肥，有人熟视无睹或不特别在意；有人则持全盘否定的态度，称只要是执行企业标准就不能购买。这两种态度都已陷入误区。正确的做法是既不能全盘否定，又不能简单地肯定。

根据目前化肥市场的实际，标注执行企业标准的化肥确实存在问题较多，但也有许多属于合规合矩的新型产品。因此，购买标注执行企业标准的化肥时，同样要特别仔细的查看包装标识的全部内容，然后再做出客观的判断。

**3. "专利"误区**

一些化肥包装标识上经常可以见到含有"专利"字样的内容。我们知道，专利所涉及的范围是多方面的。包括发明、实用新型和外观设计等。发明专利是指对产品、方法或者其改进所提出的新的技术方案。实用新型是指对产品的形状、构造或者其结合所提出的适于实用的新的技术方案。外观设计是指对产品的形状、图案或者其结合以及色彩与形状、图案的结合所作出的富有美感并适于工业应用的新设计（参看附录5《专利法》）。

这些标出的"专利"，如果与化肥的内在质量相关，那就是很好的专利产品；如果与内在质量以外的其他方面相关联（比如包装物外观设计等），就不一定是质量好的产品。现在一些标出"专利"字样的化肥产品，却存在质量或其他违规问题，应引起充分注意。

如一种包装标识多重违规的化肥，标出"**专利号×××××**×"（彩图143）；另一种严重违规的化肥，标出"**五大专利**"（见第二章第一节）（彩图22）；还有标出"**国家专利××××××第××届全国发明展览会金奖**"的"**生物酶活化磷肥**"，竟是一个养分含量明显违规标注的问题化肥（见第二章第二节）（彩图31）；

一种存在多重严重问题的肥料，标出"**国家专利　行业领先**"（彩图 163）。

此外，还有一些标称为"专利产品"的化肥，随意改变法规及强制性标准规定，随意改变固体化肥计量方式，以"克/千克"（彩图 83）、毫克/千克方式计量（彩图 13、彩图 63、彩图 100、彩图 175）。

用户在选购标有"专利"字样的化肥时，要向销售者查询本"专利"与本化肥的哪些方面相关联；在没有搞清楚标出的专利与本化肥内在质量相关联之前，不可轻易认为这就是质量好的"专利产品"，以免陷入"专利误区"。

**4.**"**富××**""**高××**"**误区**

现在不少化肥的养分标称"富××""富含××""高××"。何为"高""富"，最直接的理解应该是表达本化肥不仅含有此标出物，而且含量很高、很富足。可实际上许多标出"富××""富含××""高××"的化肥，有的连含量数字都没有标出，有的虽然标出含量但达不到最低标明值。有些标出物甚至不是本化肥应该含有的成分。

所谓"**土豆双效肥**"标出"**高硼高锌**"字样，却没有标出含量数字（彩图 62）。

包装标识标出"**富锌硼**"字样的化肥，把锌硼违规用"毫克/千克"表示含量，其实际含量低到难以想象的地步（彩图 13、彩图 63、彩图 100、彩图 175）。

化肥名称"**玉米专用**"标出"**高锌**"。即使把概念错乱的所谓"**智能锌≥3%**"全额算数，也远远达不到"高锌"的程度（彩图 154）。

因此遇到标称产品内含成分"富××""富含××""高××"的化肥，一定要看清它的具体含量是多少，认真识别，以免陷入误区。

**5. 化肥得到媒体、名人宣传的误区**

有些人以为只要是媒体宣传过的，或者有名人参与宣传的化肥就一定是"好产品"，这样就进入了又一个误区。

事实上，媒体、名人做过广告宣传的化肥，有的同样存在违规问题，有的甚至是严重的问题。本书载出的包装标识图片中，就有不少是标有媒体名称、名人影像（已做马赛克处理）的问题肥料。

**6. 价格误区**

（1）低价误区。如果是企业经过自身努力降低了成本，化肥产品价格低于其他厂家，就属于合理现象。如果价格低到连所标出含量的原料价都达不到的程度，则说明此"低价"背后一定有"猫腻"，很可能是"偷养分含量"（民间把养分实际含量低于标出值称为"偷养分"）所致。这也是大部分造假企业最常用的一种方式。500 克白面的市场价格如果低于 500 克小麦的市场价格，这样的白面你还敢买吗？

这里有必要突出说明一种肥料。书中已谈到，这些年有味精厂用含硫酸铵为主要成分的下脚料生产了一种肥料。此肥料产量很大，有的企业年产量达数十万吨。这种肥料颗粒圆润，色泽均一，多有光泽；主要养分是氮，不含磷，极个别含钾但含量很低，一般都低于 2％，氮钾总养分一般在 12％～18％之间。这种肥料曾被命名过"氨基酸配方肥料""生物发酵肥""有机—无机复混肥料""土壤调理剂"等名称。许多人就是用这种肥料"制造"出多种高价值"肥料"。

有的冒充复混肥料、复合肥料（彩图 61）、专用肥（彩图 87）；有的冒充"二铵"（彩图 95、彩图 111、彩图 171）；有的竟敢冒充测土配方肥（彩图 84、彩图 85）。

这类化肥养分含量很低，所以价格上会比标出的同名化肥低好多。如果用户不懂其中的"猫腻"，真的按标注的肥料名称购买，就很容易因贪图便宜而陷入"低价误区"。

（2）高价误区。有人利用许多用户不太会计算化肥单位养分含量价格的实际情况，通过混淆肥料通用名称、标注虚假养分含量、鼓吹虚假高科技、超强功效等夸大性宣传，以及冒充进口产品、"拉大旗"等种种手段，进行高价或超高价销售；再通过鼓吹"一分钱一分货"的说词，糊弄缺少化肥基本知识的用户。

2017 年春季，在内蒙古某市一种氮磷钾总养分刚刚达到最低标明值的复混肥料（氮磷钾 25%　20-0-5），把违规自拟的肥料名称**"双酶胞脲"**排在显眼的位置，而把通用名称"复混肥料"缩小排在次要位置。包装袋上标出添加了**"矿物质肥料增效剂 40%"**及专利号，并标注是**"××科技报战略合作品牌"**。该化肥的零售价一下子卖到了 3 000 元 1 吨（比当时市场同等级产品高出一倍）（彩图 70）。

叶面肥料、水溶肥料在这方面表现更加突出。2018 年春季内蒙古西部旗（县）市场上有一种化肥，其包装标识主要内容标注为外文，标出了**"原产地：以色列"**，无"进口合同号"。此化肥售价比同类产品高出一倍还多，远超出正常价格的范围（彩图 176）。

此类肥料本身含有一定的营养成分，具有一定的肥效，如果再与其他肥料混合使用，就很难分辨出其真实效果。有的用户就这样当了"冤大头"，但自己并不知晓。因此一定要学会根据养分含量来计算化肥价格的方法。

## 三、单位养分价格计算方法

我们知道买化肥的本质是买营养成分。选购化肥时不但要考虑一袋化肥多少钱，更要学会计算单位养分（如一个百分点）多少钱，再与同养分含量的其他化肥比较一下，才能确定价格是否合理。

我们用白酒来做比喻，如果把酒精度看作养分含量，就是说酒精度高的就相当于养分高。用户甲花了 110 元买一瓶酒精度为 55 度的白酒，那么一个酒精度价格为 110÷55＝2 元；用户乙花了 95 元买同样体积的一瓶 38 度的白酒，那么一个酒精度的价格为 95÷38＝2.5 元。从表面上看，用户乙每瓶酒比用户甲少花了 15 元（110 元－95 元），但他每一个酒精度反而比用户甲多花了 0.5 元（2.5 元－2 元）。

化肥养分的计算也是这样。计算单一养分化肥时，每吨化肥的价格除以养分百分比含量数所得的商，就是这种肥料一个百分点养分的价格。以 2017 年春季内蒙古西部市场零售价格为例，碳酸氢铵（简称"碳铵"）为 740 元/吨，含氮 17％，一个百分点氮为 740 元÷17＝43 元；硫酸铵为 600 元/吨，含氮 20％，一个百分点氮为 600 元÷20＝30 元；尿素为 1 610 元/吨，含氮 46％，一个百分点氮为 1 610 元÷46＝35 元。原来论重量最便宜的碳铵，反而单位氮养分是最贵的。

　　二元肥料要分为两步来进行计算，以 2017 年春季内蒙古西部市场零售价格为例，吨价 2 930 元含 64％（18-46）的磷酸二铵，先以上述尿素的价格作为氮肥参考标准，把磷酸二铵中的氮价计算出来。方法是：尿素吨价 1 610 元÷46＝35 元，磷酸二铵里的氮为 18％，那么 35 元×18＝630 元，这就是磷酸二铵里氮的价钱。再从磷酸二铵总价中剔出氮价，剩下的就是磷的价格 2 300 元（2 930－630＝2 300 元），最后除以磷的含量（46％），就算出一个百分点磷的价格（2 300÷46＝50 元）。三元化肥则按上述方法先算出氮的价格，再以标出的钾源类型计算出钾的价格，最后一个计算元素磷的价格。

　　这里需要指出，档次较高的水溶肥料，氮、磷、钾原料一般选用磷酸二氢钾、硝酸钾一类高价值化肥，因此售价相对较高，属于正常现象；但如若超出正常价格太多，那也是高价误区。

　　计算单位养分含量的价格，首先是学会计算氮磷钾的价格，此外还要学会计算其他营养元素的价格。中量元素钙、镁、硫化肥的价格一般比较低廉，一些营养元素（如硫酸铵里的硫）是化肥自身就有的，而非制作者人为添加进去的，因此不应该再单独计价。现在通过夸大性宣传钙、镁、硫的作用，进而抬高售价的做法比较多见。微量元素的价格相对较高，但与其等级密切相关。一般农业级的价格最低，工业级的居中，分析纯级的价格最高。

　　学会养分价格的计算方法意义重大，一方面不至于花高价钱买低价值化肥，另一方面还可以从肥料价格来辅助判断化肥的真假优劣。

## 四、教你几招防"忽悠"办法

现在"忽悠"用户购买问题化肥有好多种花样，而且还在不断翻新。这里介绍几种比较适用的防"忽悠"方法。

**1. 警惕"忽悠团队"**

2004 年春，内蒙古曾出现过某生物肥公司名义下，一个由近 20 辆小汽车和一辆大车、众多人员组成的团队。从内蒙古西部开始，由西向东逐县（旗、市）进行宣传。由口才超强的人员把某品牌的生物肥吹得神乎其神。什么增产多少倍、完全代替化肥，使用他们的生物肥料秋天要来回收农产品等。有的农民轻信后大量购买了这种肥料，结果造成严重减产，所有承诺无踪无影。用户连个人影都找不到，根本无法进行维权。

近年来这一"忽悠"手法一样与时俱进，竟然出现了专业"忽悠团队"。他们在各地寻找一些只贪图眼前利益的化肥企业，然后以这个企业的名义进行"忽悠"。有的专车接送消费者，"进厂参观"，通过喝酒吃饭、赠送礼品等形式拉拢感情。他们标称"聘用"了职称、头衔高得吓人的"专家""教授""讲师"，现场用各种花言巧语进行授课"洗脑"，大力鼓吹所谓的"让利""直销"，肆意夸大所售肥料的功效（许多是离奇的胡说八道），现场签单，免费送货上门；承诺保证质量、回购农产品、包赔损失等虚假宣传，售卖劣质肥料或超高价肥料。

2017 年春一个"忽悠团"在内蒙古呼和浩特市把一袋价值 30 元的肥料"忽悠"到 130 元售卖，好多人喝酒吃饭后居然积极购买，等酒醒后与市场上同类化肥比较才发现有"猫腻"。电视台曝光后才明白了事情的原委。

肥料行业是利润相对较薄的行业，如果宴请多人喝酒吃饭、车接车送、赠送比较贵重的礼品，这就是一笔不小的支出。这些费用必然要摊在肥料产品中，就是"羊毛出在羊身上"的道理。凡是采用这种方法的，一定会把肥料价格大幅度提高，有的甚至比正常售价提高好多倍。买这种肥料的人，自己的肚肠一时占了点"便宜"，但算总账反而吃了大亏。

**2. 警惕虚假"测土配方"**

测土配方施肥是农业部从 2005 年开始在全国范围内开展的项目。配方肥是指利用测土配方技术，根据不同作物的营养需要、土壤养分含量及供肥特点，以各种优质化肥为原料，有针对性地添加适量中、微量元素或特定有机肥料，采用掺混或造粒工艺加工而成的。可见，测土配方肥是具有很强的地域性和作物针对性的专用肥料。如内蒙古测土配方施肥领导机关规定，对测土配方肥生产企业要进行资质认定，各县（旗）市的农作物肥料配方由专家组审定。如内蒙古巴彦淖尔市某企业生产的"瓜果、蔬菜"配方肥（彩图 203）。

现在一些人便借测土配方肥具有的优点，以此名义售卖假劣"测土配方肥"。我们可从以下几方面进行识别：

（1）测土化验是一项十分精细的工作。首先取土有严格的规范，要按照土壤类型、地块、面积、取土点数、取土方法的规范来做（总之所取的土样对这里的土壤具有充分的代表性）；其次土壤处理、土壤化验更有严格的操作规定。凡不按照程序要求办理的一定是不可信的。如有人装模作样让老百姓或他们自己取土，对取土不做任何技术要求，随便整一点土过来，都是不可信的测土配方。

（2）"测土配方肥"一定是氮磷钾三种营养元素齐全的肥料，且氮磷钾总养分（氮磷钾以外的任何成分不要计入总养分）比较高，一般至少必须大于等于 35％（内蒙古要求不低于 40％）。哪怕缺少氮磷钾中任何一种元素或氮磷钾总量达不到标准的肥料，就一定是假测土配方肥。

现在有人把有机肥、生物肥、单养分肥料也标注成"测土配方"或"测土配方肥"。如一种标称为**"克碱之星"**（肥料名称已违规）的肥料，只有 16％的氮含量，没有一点磷、钾，却标称为**"全国消费者信得过 AAA 级品牌企业"**，具有**"克盐碱/抗重茬/免深耕/防死棵"**功效，**"×××（省市区名）备案测土配方肥料"**（彩图 167）。

（3）如果要求在施用他们的"测土配方肥"做基肥，同时还要配合添加其他含氮磷钾成分的肥料，那么这种"测土配方肥"一定是虚假的。

2011 年春，内蒙古某肥料公司在巴彦淖尔市销售氮磷钾含量只有 15％、有机质 20％的**"测土配方有机无机矿物质肥料"**，背面文字中甚至宣称本肥料添加了几乎全部营养元素、还采用了**"特殊工艺提纯""是一种新型的测土配方肥料"**！就是这种肥料，却要求老百姓施肥时还要再添加几十斤磷酸二铵（彩图 84、彩图 85）。

（4）我们经常看到一些包装标识上标注**"测土配方肥定点生产企业""测土配方"**一类词语。

我们无法查考这些企业是否真是"测土配方肥定点生产企业"，也无法用眼睛直接看出是否为真正的"测土配方肥"，但有一点需要清楚，只有按照当地测土配方施肥机构提供的配方生产的肥料，才是真正的测土配方肥。有的化肥虽然标有"测土配方""测土配方肥定点生产企业"字样，但是未必都是真正的"测土配方肥"。

标出**"新农村测土配方服务三农"**的**"螯合三铵　复混肥料"**（彩图 117），标出**"测土配方 黄金搭档"**的**"黄腐酸三铵"**（彩图 129），竟是养分含量违规标注的化肥。

（5）我国开展测土配方施肥项目，由各地测土配方施肥项目组织机构对所属县（市、区）制定不同作物的配方。跨地区销售某种农作物"测土配方肥"通常与销售地的同一农作物配方差别较大，因此选购外省的测土配方肥时，要与当地农业部门提供的配方进行对照，凡与当地配方不一致的就不能作为当地的"测土配方肥"对待。

**3. 警惕假劣"专用肥"**

上面我们已经介绍，农作物专用肥是针对不同农作物对营养的需求，专门配制的氮、磷、钾齐全的复混（合）肥料，是复混（合）肥料的一种个例。它与测土配方肥相似，一定是氮、磷、钾齐全的肥料，有的还要根据实际情况添加中微量元素。

现在市场上有一些标称为"××（作物名）专用肥"，有的氮、磷、钾不全，有的养分含量很低，因而一定是假劣专用肥。如标注为**"美国独资"**的**"玉米专用肥"**（彩图 86），标注为**"葵花专用肥"**（彩图 87）、**"瓜果专用肥"**（彩图 90），其氮磷钾含量不约而同地全部为**"16-0-2"**。氮磷钾总养分仅有 18％、且不含一点磷，纯粹是劣质肥料，何谈"专用肥"。

### 4. 警惕小便宜"诱饵"

上述内蒙古巴彦淖尔市销售的**"测土配方有机无机矿物质肥料"**，按照当地当时（2011 年）的市场价格，此肥料最高也不应超过 900 元/吨，但实际售价 2 000 元/吨。由于厂家抛出了一个"特殊诱饵"，就是凡购买此肥料，以每个 10 元钱价格回收包装袋！好多农民以为一个价值 3 元左右的包装袋能兑回 10 元钱，一吨肥料可以兑回 200 元，于是大量购买了这种虚假的"测土配方"肥料（彩图 84）。

据网络报道，有的地方还以免费港澳游等多种形式的"便宜"吸引客户。可以预计，今后一定还会有各种各样形式的"便宜"出现。这里需要告诫消费者：贪占这类"小便宜"，常常正是吃大亏的开始！

### 5. 学会"缓一缓"

选购化肥时，即使是面对正规的农资经营单位，也不要马上购买，最好做到**货比三家**，经过综合考量后再做最后决定。

尤其是在听了生动、感人的宣传激起了强烈的购买冲动之时，最好不要马上购买，要学会"缓一缓"。利用这点时间，可以向相关单位或专业人士咨询。现在最便捷的是，可以利用网络发送化肥包装标识图片。这是预防被"忽悠"的又一良策。

## 五、索要相关票据、保存整袋样品

购买化肥时必须索要盖有经营单位公章和经营者签名的票据（**收据、发票**）和信誉卡（或质量证明书）。上面应清楚准确地标明购买时间、产品名称、数量、规格、含量、价格、金额等基本内容。不要轻信口头承诺，即使是熟人销售也不要不好意思索要这些条据；不能接受只有个人签名的字据或收条（有条件的可在当时现场录像并保存）；要保存好全部购肥凭证，避免遗失。

还要妥善保留足以证明本化肥质量的至少**一整袋肥料样品**。这样做的好处，一是确保所购化肥为允许销售的正规产品；二是如果日后一旦发生质量问题，能做到有据可查，便于维护自身权益。（参看附录5《产品质量法》）

## 六、买了假劣肥料怎么办

用户万一购买了假、劣化肥，有以下几种途径进行维权：

（1）与经营者协商和解；

（2）请求消费者协会或者依法成立的其他调解组织调解；

（3）向有关行政部门投诉；

（4）根据与经营者达成的仲裁协议提请仲裁机构仲裁；

（5）向人民法院提起诉讼。

不论哪种解决问题的途径，都需要有充分证据证明本损失确与化肥的质量问题存在因果关系。必要时还需委托工商质检部门，对肥料进行质量检测，出具质检报告，如果有必要时还要送省级检验部门复检（肥料数量太少，或保存不当，常常不能作为证据抽检）。有的还要委托政府相关机构或者第三方对造成的损失进行评估。因此除了留足数量、保存好化肥外，还要尽可能多的保存农作物受损包括影像资料的各种资料（参看附录5《消费者权益保护法》）。我国法律规定"谁主张谁举证"，法庭上没有证据或证据不力，是难以胜诉的。

造成农作物减产的因素很多，需要经过有资质的专家鉴定后确定。鉴定事宜需要立案、确定专家、召集、现场鉴定、讨论、出报告等复杂的程序，常常需要不短的时间。实践中也有另一种情形，就是在农作物出现异常情况后，用户在没有搞清楚其原因的情况下，就简单地认定是化肥问题；但是经鉴定却是种子、病害或其他问题。发生这种情况就很容易耽误救治的黄金时间，造成更大的损失。

根据以往的经验，即使真的买到问题化肥，维权也有较大难度。因此，最好在购买时审慎对待，避免买上假劣化肥。

## 【本章小结】

涉肥者平时应努力学习化肥基本知识，特别是养分方面的知识，尤其要学会单位养分价格的计算方法。实际购买的时候，一定要保持清醒的头脑，冷静处置。

第一，要按照上面介绍的识别化肥包装标识的方法进行识别，按照"选购提示"作出初步判断；如有必要可以进行快速定性识别。

第二，不管多么动人的宣传，听了以后切不可冲动，立马"激情购买"，一定要确认化肥是合格品后再做决定。

第三，国家关于化肥的新规定、新标准还会陆续出台或更新，问题化肥的形式也会不断"翻新"，因此要不断学习，以提高自身的分析、判断能力。如若遇到本书未列出的或自己无法判断的其他疑难问题，最好不要急于购买，应向有实际经验的农肥工作者咨询后再做决定。

# 附录 1  肥料登记管理办法（摘选）

## 第一章  总  则

**第一条**  为了加强肥料管理，保护生态环境，保障人畜安全，促进农业生产，根据《中华人民共和国农业法》等法律、法规，制定本办法。

**第二条**  在中华人民共和国境内生产、经营、使用和宣传肥料产品，应当遵守本办法。

**第三条**  本办法所称肥料，是指用于提供、保持或改善植物营养和土壤物理、化学性能以及生物活性，能提高农产品产量，或改善农产品品质，或增强植物抗逆性的有机、无机、微生物及其混合物料。

**第四条**  实行肥料产品登记管理制度，未经登记的肥料产品不得进口、生产、销售和使用，不得进行广告宣传。

**第五条**  农业部负责全国肥料登记和监督管理工作。省、自治区、直辖市人民政府农业行政主管部门协助农业部做好本行政区域内的肥料登记工作。县级以上地方人民政府农业行政主管部门负责本行政区域内的肥料监督管理工作。

## 第二章  登记申请

**第六条**  凡经工商注册，具有独立法人资格的肥料生产者均可提出肥料登记申请。

**第七条**  农业部制定并发布《肥料登记资料要求》。肥料生产者申请肥料登记，应按照《肥料登记资料要求》提供产品化学、肥效、安全性、标签等方面资料和有代表性的肥料样品。

**第八条**  农业部负责办理肥料登记受理手续，并审查登记申请资料是否齐全。境内生产者申请肥料登记，其申请登记资料应经其所在地省级农业行政主管部门初审后，向农业部提出申请。

　　**第十二条**　有下列情形的肥料产品，登记申请不予受理：（一）没有生产国使用证明（登记注册）的国外产品；（二）不符合国家产业政策的产品；（三）知识产权有争议的产品；（四）不符合国家有关安全、卫生、环保等国家或行业标准要求的产品。

　　**第十三条**　对经农田长期使用，有国家或行业标准的下列产品免予登记：硫酸铵，尿素，硝酸铵，氰氨化钙，磷酸铵（磷酸一铵、二铵），硝酸磷肥，过磷酸钙，氯化钾，硫酸钾，硝酸钾，氯化铵，碳酸氢铵，钙镁磷肥，磷酸二氢钾，单一微量元素肥，高浓度复合肥。

## 第三章　登记审批

　　**第十七条**　农业部对符合下列条件的产品直接审批、发放肥料登记证：（一）有国家或行业标准，经检验质量合格的产品；（二）经肥料登记评审委员会建议并由农业部认定的产品类型，申请登记资料齐全，经检验质量合格的产品。

　　**第十八条**　肥料商品名称的命名应规范，不得有误导作用。

　　**第二十条**　肥料正式登记证有效期为五年。

## 第四章　登记管理

　　**第二十二条**　肥料产品包装应有标签、说明书和产品质量检验合格证。标签和使用说明书应当使用中文，并符合下列要求：（一）标明产品名称、生产企业名称和地址；（二）标明肥料登记证号、产品标准号、有效成分名称和含量、净重、生产日期及质量保证期；（三）标明产品适用作物、适用区域、使用方法和注意事项；（四）产品名称和推荐适用作物、区域应与登记批准的一致。禁止擅自修改经过登记批准的标签内容。

## 第五章　罚　　则

　　**第二十六条**　有下列情形之一的，由县级以上农业行政主管部门给予警告，并处违法所得 3 倍以下罚款，但最高不得超过 30 000元；没有违法所得的，处 10 000 元以下罚款：（一）生产、销售未取得登记证的肥料产品；（二）假冒、伪造肥料登记证、登记证号的；（三）生产、销售的肥料产品有效成分或含量与登记批准的内容不符的。

**第二十七条** 有下列情形之一的，由县级以上农业行政主管部门给予警告，并处违法所得 3 倍以下罚款，但最高不得超过 20 000元；没有违法所得的，处 10 000 元以下罚款：（一）转让肥料登记证或登记证号的；（二）登记证有效期满未经批准续展登记而继续生产该肥料产品的；（三）生产、销售包装上未附标签、标签残缺不清或者擅自修改标签内容的。

## 第六章 附　　则

**第二十九条** 生产者进行田间试验，应按规定提供有代表性的试验样品。试验样品须经法定质量检测机构检测确认样品有效成分及其含量与标明值相符，方可进行试验。

**第三十条** 省、自治区、直辖市人民政府农业行政主管部门负责本行政区域内的复混肥、配方肥（不含叶面肥）、精制有机肥、床土调酸剂的登记审批、登记证发放和公告工作。省、自治区、直辖市人民政府农业行政主管部门不得越权审批登记。

省、自治区、直辖市人民政府农业行政主管部门参照本办法制定有关复混肥、配方肥（不含叶面肥）、精制有机肥、床土调酸剂的具体登记管理办法，并报农业部备案。

省、自治区、直辖市人民政府农业行政主管部门可委托所属的土肥机构承担本行政区域内的具体肥料登记工作。

**第三十三条** 本办法下列用语定义为：

（一）配方肥是指利用测土配方技术，根据不同作物的营养需要、土壤养分含量及供肥特点，以各种单质化肥为原料，有针对性地添加适量中、微量元素或特定有机肥料，采用掺混或造粒工艺加工而成的，具有很强的针对性和地域性的专用肥料；

（二）叶面肥是指施于植物叶片并能被其吸收利用的肥料；

（三）床土调酸剂是指在农作物育苗期，用于调节育苗床土酸度（或 pH）的制剂；

（四）微生物肥料是指应用于农业生产中，能够获得特定肥料效应的含有特定微生物活体的制品，这种效应不仅包括了土壤、环境及植物营养元素的供应，还包括了其所产生的代谢产物对植物的有益作用；

（五）有机肥料是指来源于植物和/或动物，经发酵、腐熟后，施于土壤以提供植物养分为其主要功效的含碳物料；

（六）精制有机肥是指经工厂化生产的，不含特定肥料效应微生物的，商品化的有机肥料；

（七）复混肥是指氮、磷、钾三种养分中，至少有两种养分标明量的肥料，由化学方法和/或物理加工制成。

（八）复合肥是指仅由化学方法制成的复混肥。

# 附录 2　肥料登记资料要求（摘选）

本《肥料登记资料要求》适用于由农业部批准登记的肥料产品。省、自治区、直辖市农业行政主管部门负责登记的复混肥、配方肥（不含叶面肥）、精制有机肥和床土调酸剂的登记资料要求，可参照本要求执行或另行制定。

## 一、概要

### （一）申请者

申请者应是经工商行政管理机关正式注册，具有独立法人资格的肥料生产者。

国外及中国港、澳、台地区肥料生产者可由其在中国设的办事处或委托的代理机构作为申请者。

### （三）申请肥料登记应当按照登记类型填写申请表和提供相关资料

申请者所提供登记资料，应列出总目录，包括所有资料的标题、排列位置和页码。

## 二、登记资料

**1. 生产者基本概况**　首次申请肥料登记，应提供肥料生产企业的基本情况资料。包括：

（1）工商注册证明文件。

境内产品，提交工商行政管理机关颁发的企业注册证明文件复印件（加盖发证机关确认章）。工商营业执照的经营范围应包括申请登记的肥料类。

国外及中国港、澳、台地区产品，提交生产企业所在国（地区）政府签发的企业注册证书和肥料管理机构批准的生产、销售证明，以及企业符合肥料生产质量管理规范的证明文件和在其他国家登记使用情况。这些证明文件必须先在企业所在国（地区）公证机构办理公证或由企业所在国（地区）外交部门（或外交部门授权的机构）认证，再经中华人民共和国驻企业所在国（地区）使馆（或领事馆）确认。

（2）生产企业基本情况资料。包括企业的基本概况、人员组成、技术力量、生产规模、设计规模等。

（3）产品及生产工艺概述资料。包括①产品类型、产品名称、技术来源、主要有效成分；②产品剂型、可溶性、稳定性、质量保证期；③适用作物范围以及对作物产量、质量、环境生态的影响；④生产基本设备和生产工艺流程简述。

国外及中国港、澳、台地区产品还应提交在其他国家（地区）登记使用情况，产品原文商品名和化学名，以及主要成分的商品名、化学名、结构式或分子式。

（4）商标注册证明。商标注册为非强制性法律文本，但建议生产者申请商标注册。属协议使用商标的，应提交商标持有者允许使用该商标的协议书等合法文件。

（5）无知识产权争议的声明。

**2. 产品执行标准**

（1）境内产品。应提交产品执行标准。有国家标准或行业标准的产品，产品的企业标准中各项技术指标，原则上不得低于国家标准或行业标准的要求。企业标准必须提供产品各项技术指标的详细分析方法，包括原理、试剂和材料、仪器设备、分析步骤、分析结果的表述、允许差等内容。分析方法引用相关国际标准、国家标准、行业标准，要注明引用标准号及具体引用条款。

企业标准必须经所在地标准化行政主管部门备案。

（2）国外及中国港、澳、台地区产品。应提供肥料的理化性状、质量控制指标和检验方法，以及企业所在国（地区）公证机构公证的产品质量保证证明。

**3. 产品标签样式（包括标识、使用说明书）** 产品和包装标明的所有内容，不得以错误的、引起误解的或欺骗性的方式描述或介绍产品；所有文字必须合乎规范的汉字，可以同时使用汉语拼音、少数民族文字或外文，但不得大于汉字，计量单位应当使用法定计量单位。

产品标签应包含以下内容：

（1）产品名称（以醒目大字表示）。应当使用表明该产品真实属性的专用名称，并符合下列条件：

①国家标准、行业标准对产品名称有规定的，应当采用国家标准、行业标准规定的名称；

②国家标准、行业标准对产品名称没有规定的，应当使用不使消费者误解或混淆的常用名称或俗名；

③在使用"商标名称"或其他名称时，必须同时使用本条①或②规定的任意一个名称。

（2）预留肥料登记证号位置。

（3）产品执行标准号。境内产品，应当标明企业所执行的国家标准、行业标准或经备案的企业标准的编号。

（4）有效成分的名称和含量。

（5）净含量。

（6）生产者名称和地址。境内产品，必须标明经依法登记注册的、能承担产品质量责任的生产者的名称和地址。国外及中国港、澳、台地区产品，应当标明该产品的原产地（国家或地区），以及代理商在中国依法注册的名称和地址。

（7）使用说明。按申请登记的适用作物简述安全有效的使用时期、使用量和使用方法及有关注意事项。

（8）生产日期。如产品需限期使用，则应标注保质期或失效日期。如产品的保质期与贮藏条件有关，则必须标明产品的贮藏方法。

（9）必要的警示标志和贮存要求。对于易碎、怕压、需要防潮、不能倒置以及其他特殊要求的产品，应标注警示标志或中文警示说明，标注贮运注意事项。

（10）限用范围。

（11）与其他物质混用禁忌。

对于销售包装的最大表面积小于 10 厘米$^2$ 的，标签内容可仅为产品名称、生产者名称、生产日期、保质期，其他内容可以标注在产品的其他说明物上。

以上内容，（1）至（9）项是必需的，（10）和（11）项根据申请者申报的产品资料情况由农业农村部确定是否需要。如在执行过程中国家出台新规定，按新规定规范。

# 附录3 肥料登记 标签技术要求
## （NY 1979—2010）（摘选）

### 3 一般要求

3.4 标签内容应使用汉字并符合汉字书写规范要求。标签允许同时使用汉语拼音、少数民族文字或外文，但字体应不大于汉字。

3.6 肥料和土壤调理剂中的植物营养成分包括：

3.6.1 植物必需营养元素。

——大量营养元素：碳（C）、氢（H）、氧（O）、氮（N）、磷（P）、钾（K）；

——中量营养元素：钙、（Ca）、镁（Mg）、硫（S）；

——微量营养元素：铜（Cu）、铁（Fe）、锰（Mn）、锌（Zn）、硼（B）、钼（Mo）、氯（Cl）。

3.6.2 植物有益营养元素：钠（Na）、硅（Si）、硒（Se）、铝（Al）、钴（Co）、镍（Ni）。

3.9 肥料营养成分标明要求：

3.9.1 大量营养元素以"$N+P_2O_5+K_2O$"的最低标明值形式标明，氮、磷、钾应分别以总氮（N）、磷（$P_2O_5$）和钾（$K_2O$）的形式标明。若需标明氮形态，总氮应以硝态氮、铵态氮和酰胺态氮形式标明。元素碳（C）、氢（H）、氧（O）不单独作为肥料和土壤调理剂营养成分标明。

3.9.2 中量营养元素以（Ca+Mg）的最低标明值形式标明，同时还应标明单一钙（Ca）和镁（Mg）的标明值。中量元素硫的标明值应按肥料登记要求执行。螯合态成分应以"螯合剂缩写+螯合元素"形式标明。

3.9.3 微量元素以"$Cu+Fe+Mn+Zn+B+Mo$"的最低标

明值形式标明，同时还应标明单一微量元素的标明值。铜、铁、锰、锌、硼、钼应分别以铜（Cu）、铁（Fe）、锰（Mn）、锌（Zn）、硼（B）、钼（Mo）的形式标明。氯（Cl）的标明值应按肥料登记要求执行。螯合态成分应以"螯合剂缩写＋螯合元素"形式标明。

3.9.4　有益营养元素应标明单一元素的标明值。钠、硅、硒、铝、钴、镍要按肥料登记要求分别以钠（Na）、硅（Si）、硒（Se）、铝（Al）、钴（Co）、镍（Ni）的形式标明。

3.12.1　固体产品营养成分含量、水分含量、水不溶物含量以质量分数（百分比，％）表示。

3.12.2　液体产品营养成分含量、水不溶物含量以质量浓度（克/升，g/L）表示。

**4　内容要求**

4.1　最小销售包装上的肥料登记标签内容应包括：

4.1.1　肥料登记证号。应按肥料登记证执行。

4.1.2　肥料通用名称。应按肥料登记证执行。

4.1.3　商品名称。应按肥料登记证执行。不应使用数字、序列号、外文（境外产品标签需标明生产国文字作为商品名称的，以括弧的形式表述在中文商品名称之后），不应误导消费者。注：境外指国外及港澳台地区，下同。

4.1.4　商标。应在中华人民共和国境内正式注册，商标注册范围应包含肥料和/或土壤调理剂。

4.1.5　产品说明。应包含对产品原料和生产工艺的说明，不应进行夸大、虚假宣传。

4.1.6　执行标准号。境内产品应标明产品所执行的国家/行业标准号或经登记备案的企业标准号。

4.1.8　技术指标要求。

——大量元素含量、中量元素含量和/或微量元素含量应按登记证要求标明最低标明值，还应标明各单一养分标明值。允许总氮以硝态氮、铵态氮或酰胺态氮形式分别标明。硫（S）、氯（Cl）应按肥料登记要求执行；

——有机成分、有益元素应按肥料登记证执行；

——土壤调理剂、农林保水剂、缓释肥料等应按肥料登记证执行。

4.1.9 限量指标要求 。应符合肥料登记要求 ，标明汞（Hg）、砷（As）、镉（Cd）、铅（Pb）、铬（Cr）、水不溶物和/或水分（$H_2O$）等最高标 明值。

4.1.10 适宜范围：指适宜的作物和/或适宜土壤（区域），应符合肥料登记要求。

4.1.11 限用范围：指不适宜的作物和/或不适宜土壤（区域），应符合肥料登记要求。

4.1.12 使用说明。应包含使用时间、用法、用量以及与其他制剂混用的条件和要求。

4.1.13 注意事项。不宜使用的作物生长期、作物敏感的光热条件、对人畜存在的潜在危害及防护、急救措施等。

4.1.14 净含量 。固体产品以克（g）、千克（kg）表示，液体产品以毫升（mL）、升（L）表示。其余按《定量包装商品计量监督管理办法》的规定执行。

4.1.15 生产日期及批号。

4.1.16 有效期 。含有机营养成分的产品应标明有效期，其他产品应根据其特点酌情标明有效期。有效期应以月为单位，自生产日期开始计。

4.1.17 贮存和运输要求。对贮存和运输环境的光照、温度、湿度等有特殊要求的产品，应标明条件要求。对于具有酸、碱等腐蚀 性、易碎、易潮、不宜倒置或其他特殊要求的产品，应标明警示标识和说明。

4.1.18 企业名称：指生产企业名称 ，应与肥料登记证一致。境外产品标签还应标明境内代理机构名称。

4.1.19 生产地址：指企业生产登记产品所在地的地址。若企业具有两个或两个以上生产厂点，标签上应只标明实际生产所在地的地址。境外产品标签还应标明境内代理机构的地址。

4.1.20　联系方式应包含企业联系电话、传真等，境外产品标签还应标明境内代理机构的联系电话、传真等。

4.2　肥料登记证号、通用名称、执行标准号、剂型、技术指标要求、限量指标要求、使用说明、注意事项、净含量和运输贮存要求、企业名称、生产地址联系方式为标签必须标明的项目。

4.3　最小销售包装中进行分量包装的，分量包装容器上应标明其肥料登记证号、通用名称和净含量。

# 附录 4  肥料标识  内容和要求 (GB 18382—2001) (摘选)

自 2002 年 1 月 1 日起，肥料生产企业生产的肥料销售包装上的肥料标识应符合该标准；自 2002 年 7 月 1 日起，市场上停止销售肥料标识不符合该标准的肥料。

**范围**

本标准规定了肥料标识的基本原则、一般要求及标识内容等。本标准适用于中华人民共和国境内生产、销售的肥料。

**总则**

**3  定义**  本标准采用下列定义：

3.1  标识  用于识别肥料产品及其质量、数量、特征和使用方法所做的各种表示的统称。标识可以用文字、符号、图案以及其他说明物等表示。

3.2  标签  供识别肥料和了解其主要性能而附以必要资料的纸片、塑料片或者包装袋等容器的印刷部分。

3.3  肥料  以提供植物养分为其主要功效的物料。

3.4  复混肥料  氮、磷、钾三种养分中，至少有两种养分标明量的由化学方法和（或）掺混方法制成的肥料。

3.5  复合肥料  氮、磷、钾三种养分，至少有两种养分标明量的仅由化学方法制成的肥料，是复混肥料的一种。

3.6  有机-无机复混肥料  含有一定量有机质的复混肥料。

3.7  单一肥料  氮、磷、钾三种养分中，仅具有一种养分标明量的氮肥、磷肥或钾肥的通称。

3.8  大量元素（主要养分）  对元素氮、磷、钾的通称。

3.9  中量元素（次要养分）  对元素钙、镁、硫等的通称。

3.10  微量元素（微量养分）  植物生长所必需的，但相对来说是少量的元素，例如硼、锰、铁、锌、铜、钼或钴等。

3.11 肥料品位 以百分数表示的肥料养分含量。

3.12 配合式 按 N-P$_2$O$_5$-K$_2$O（总氮-有效五氧化二磷-氧化钾）顺序，用阿拉伯数字分别表示其在复混肥料中所占百分比含量的一种方式。注："0"表示肥料中不含该元素。

3.13 标明量 在肥料或土壤调理剂标签或质量证明书上标明的元素（或氧化物）含量。

3.14 总养分 总氮、有效五氧化二磷和氧化钾含量之和，以质量百分数计。

**5 基本原则**

5.1 标识所标注的所有内容，必须符合国家法律和法规的规定，并符合相应产品标准的规定。

5.2 标识所标注的所有内容，必须准确、科学、通俗易懂。

5.3 标识所标注的所有内容，不得以错误的、引起误解的欺骗性的方式描述或介绍肥料。

5.4 标识所标注的所有内容，不得以直接或间接暗示性的语言、图形、符号导致用户将肥料或肥料的某一性质与另一肥料产品混淆。

**6 一般要求** 标识所标注的所有内容，应清楚并持久地印刷在统一的并形成反差的基底上。

6.1 文字 标识中的文字应使用规范汉字，可以同时使用少数民族文字、汉语拼音及外文（养分名称可以用化学元素符号或分子式表示），汉语拼音和外文字体应小于相应汉字和少数民族文字。应使用法定计量单位。

6.2 图示 应符合 GB 190 和 GB 191 的规定。

6.3 颜色 使用的颜色应醒目、突出、易使用户特别注意并能迅速识别。

6.4 耐久性和可用性 直接印在包装上，应保证在产品的可预计寿命期内的耐久性，并保持清晰可见。

6.5 标识的形式 分为外包装标识、合格证、质量证明书、说明书及标签等。

**7 标识内容**

7.1 肥料名称及商标

7.1.1 应标明国家标准、行业标准已经规定的肥料名称。对商品名称或者特殊用途的肥料名称，可在产品名称下以小1号字体（见10.1.3）予以标注。

7.1.2 国家标准、行业标准对产品名称没有规定的，应使用不会引起用户、消费者误解和混淆的常用名称。

7.1.3 产品名称不允许添加带有不实、夸大性质的词语，如"高效×××""××肥王""全元素××肥料"等。

7.1.4 企业可以标注经注册登记的商标。

7.2 肥料规格、等级和净含量

7.2.1 肥料产品标准中已规定规格、等级、类别的，应标明相应的规格、等级、类别。若仅标明养分含量，则视为产品质量全项技术指标符合养分含量所对应的产品等级要求。

7.2.2 肥料产品单件包装上应标明净含量。净含量标注应符合《定量包装商品计量监督规定》的要求。

7.3 养分含量 应以单一数值标明养分的含量。

7.3.1 单一肥料

7.3.1.1 应标明单一养分的百分含量。

7.3.1.2 若加入中量元素、微量元素，可标明中量元素、微量元素（以元素单质计，下同），应按中量元素、微量元素两种类型分别标明各单养分含量及各自相应的总含量，不得将中量元素、微量元素含量与主要养分相加。微量元素含量低于0.02%或（和）中量元素含量低于2%的不得标明。

7.3.2 复混肥料（复合肥料）

7.3.2.1 应标明N、$P_2O_5$、$K_2O$总养分的百分含量，总养分标明值应不低于配合式中单养分标明值之和，不得将其他元素或化合物计入总养分。

7.3.2.2 应以配合式分别标明总氮、有效五氧化二磷、氧化钾的百分含量,如氮磷钾复混肥料 15-15-15。二元肥料应在不含单养分的位置标以"0",如氮钾复混肥料 15-0-10。

7.3.2.3　若加入中量元素、微量元素,不在包装容器和质量证明书上标明(有国家标准或行业标准规定的除外)。

7.3.3　中量元素肥料

7.3.3.1　应分别单独标明各中量元素养分含量及中量元素养分含量之和。含量小于 2% 的单一中量元素不得标明。

7.3.3.2　若加入微量元素,可标明微量元素,应分别标明各微量元素的含量及总含量,不得将微量元素含量与中量元素相加。其他要求同 7.3.1.2。

7.3.4　微量元素肥料　应分别标出各种微量元素的单一含量及微量元素养分含量之和。

7.3.5　其他肥料　参照 7.3.1 和 7.3.2 执行。

7.4　其他添加含量

7.4.1　若加入其他添加物,可标明其他添加物,应分别标明各添加物的含量及总含量,不得将添加物含量与主要养分相加。

7.4.2　产品标准中规定需要限制并标明的物质或元素等应单独标明。

7.5　生产许可证编号　对国家实施生产许可证管理的产品,应标明生产许可证的编号。

7.6　生产者或经销者的名称、地址　应标明经依法登记注册并能承担产品质量责任的生产者或经销者名称、地址。

7.7　生产日期或批号　应在产品合格证、质量证明书或产品外包装上标明肥料产品的生产日期或批号。

7.8　肥料标准

7.8.1　应标明肥料产品所执行的标准编号。

7.8.2　有国家或行业标准的肥料产品,如标明标准中未有规定的其他元素或添加物,应制定企业标准,该企业标准应包括所添加元素或添加物的分析方法,并应同时标明国家标准(或行业标准)和企业标准。

7.9　警示说明　运输、贮存、使用过程中不当，易造成财产损坏或危害人体健康和安全的，应有警示说明。

7.10　其他

7.10.1　法律、法规和规章另有要求的，应符合其规定。

7.10.2　生产企业认为必要的，符合国家法律、法规要求的其他标识。

# 附录5 相关法律条文摘选

## 中华人民共和国农业法（摘选）

**第二十五条** 农药、兽药、饲料和饲料添加剂、肥料、种子、农业机械等可能危害人畜安全的农业生产资料的生产经营，依照相关法律、行政法规的规定实行登记或者许可制度。

农业生产资料的生产者、销售者应当对其生产、销售的产品的质量负责，禁止以次充好、以假充真、以不合格的产品冒充合格的产品。

## 中华人民共和国产品质量法（摘选）

**第五条** 禁止伪造或者冒用认证标志等质量标志；禁止伪造产品的产地，伪造或者冒用他人的厂名、厂址；禁止在生产、销售的产品中掺杂、掺假，以假充真，以次充好。

**第二十二条** 消费者有权就产品质量问题，向产品的生产者、销售者查询；向产品质量监督部门、工商行政管理部门及有关部门申诉，接受申诉的部门应当负责处理。

**第二十六条** 生产者应当对其生产的产品质量负责。

**第二十七条** 产品或者其包装上的标识必须真实，并符合下列要求：

（一）有产品质量检验合格证明；

（二）有中文标明的产品名称、生产厂厂名和厂址；

（三）根据产品的特点和使用要求，需要标明产品规格、等级、所含主要成分的名称和含量的，用中文相应予以标明；需要事先让消费者知晓的，应当在外包装上标明，或者预先向消费者提供有关资料；

（四）限期使用的产品，应当在显著位置清晰地标明生产日期和安全使用期或者失效日期；

（五）使用不当，容易造成产品本身损坏或者可能危及人身、财产安全的产品，应当有警示标志或者中文警示说明。

**第三十条** 生产者不得伪造产地，不得伪造或者冒用他人的厂名、厂址。

**第三十二条** 生产者生产产品，不得掺杂、掺假，不得以假充真、以次充好，不得以不合格产品冒充合格产品。

## 中华人民共和国反不正当竞争法（摘选）

**第六条** 经营者不得实施下列混淆行为，引人误认为是他人商品或者与他人存在特定联系：（二）擅自使用他人有一定影响的企业名称（包括简称、字号等）、社会组织名称（包括简称等）、姓名（包括笔名、艺名、译名等）；（四）其他足以引人误认为是他人商品或者与他人存在特定联系的混淆行为。

**第八条** 经营者不得对其商品的性能、功能、质量、销售状况、用户评价、曾获荣誉等作虚假或者引人误解的商业宣传，欺骗、误导消费者。

## 中华人民共和国消费者权益保护法（摘选）

**第六条** 国家鼓励、支持一切组织和个人对损害消费者合法权益的行为进行社会监督。

**第八条** 消费者享有知悉其购买、使用的商品或者接受的服务的真实情况的权利。

消费者有权根据商品或者服务的不同情况，要求经营者提供商品的价格、产地、生产者、用途、性能、规格、等级、主要成分、生产日期、有效期限、检验合格证明、使用方法说明书、售后服务，或者服务的内容、规格、费用等有关情况。

**第十一条** 消费者因购买、使用商品或者接受服务受到人身、财产损害的，享有依法获得赔偿的权利。

**第二十条** 经营者向消费者提供有关商品或者服务的质量、性能、用途、有效期限等信息，应当真实、全面，不得作虚假或者引人误解的宣传。

经营者对消费者就其提供的商品或者服务的质量和使用方法等问题提出的询问，应当作出真实、明确的答复。

**第二十二条** 经营者提供商品或者服务，应当按照国家有关规定或者商业惯例向消费者出具发票等购货凭证或者服务单据；消费者索要发票等购货凭证或者服务单据的，经营者必须出具。

**第三十九条** 消费者和经营者发生消费者权益争议的，可以通过下列途径解决：

（一）与经营者协商和解；

（二）请求消费者协会或者依法成立的其他调解组织调解；

（三）向有关行政部门投诉；

（四）根据与经营者达成的仲裁协议提请仲裁机构仲裁；

（五）向人民法院提起诉讼。

**第四十条** 消费者在购买、使用商品时，其合法权益受到损害的，可以向销售者要求赔偿。销售者赔偿后，属于生产者的责任或者属于向销售者提供商品的其他销售者的责任的，销售者有权向生产者或者其他销售者追偿。

消费者或者其他受害人因商品缺陷造成人身、财产损害的，可以向销售者要求赔偿，也可以向生产者要求赔偿。属于生产者责任的，销售者赔偿后，有权向生产者追偿。属于销售者责任的，生产者赔偿后，有权向销售者追偿。

**第四十五条** 消费者因经营者利用虚假广告或者其他虚假宣传方式提供商品或者服务，其合法权益受到损害的，可以向经营者要求赔偿。广告经营者、发布者发布虚假广告的，消费者可以请求行政主管部门予以惩处。广告经营者、发布者不能提供经营者的真实名称、地址和有效联系方式的，应当承担赔偿责任。

**第四十八条** 经营者提供商品或者服务有下列情形之一的，除本法另有规定外，应当依照其他有关法律、法规的规定，承担民事责任：

（一）商品或者服务存在缺陷的；

（二）不具备商品应当具备的使用性能而出售时未作说明的；

（三）不符合在商品或者其包装上注明采用的商品标准的；

（四）不符合商品说明、实物样品等方式表明的质量状况的；

（五）生产国家明令淘汰的商品或者销售失效、变质的商品的；

（六）销售的商品数量不足的；

（七）服务的内容和费用违反约定的；

（八）对消费者提出的修理、重作、更换、退货、补足商品数量、退还货款和服务费用或者赔偿损失的要求，故意拖延或者无理拒绝的；

（九）法律、法规规定的其他损害消费者权益的情形。

经营者对消费者未尽到安全保障义务，造成消费者损害的，应当承担侵权责任。

**第五十二条**　经营者提供商品或者服务，造成消费者财产损害的，应当依照法律规定或者当事人约定承担修理、重作、更换、退货、补足商品数量、退还货款和服务费用或者赔偿损失等民事责任。

**第五十六条**　经营者有下列情形之一，除承担相应的民事责任外，其他有关法律、法规对处罚机关和处罚方式有规定的，依照法律、法规的规定执行；法律、法规未作规定的，由工商行政管理部门或者其他有关行政部门责令改正，可以根据情节单处或者并处警告、没收违法所得、处以违法所得一倍以上十倍以下的罚款，没有违法所得的，处以五十万元以下的罚款；情节严重的，责令停业整顿、吊销营业执照：

（二）在商品中掺杂、掺假，以假充真，以次充好，或者以不合格商品冒充合格商品的；

（四）伪造商品的产地，伪造或者冒用他人的厂名、厂址，篡改生产日期，伪造或者冒用认证标志等质量标志的；

（六）对商品或者服务作虚假或者引人误解的宣传的。

## 中华人民共和国标准化法（摘选）

**第二十一条** 推荐性国家标准、行业标准、地方标准、团体标准、企业标准的技术要求不得低于强制性国家标准的相关技术要求。

**第二十五条** 不符合强制性标准的产品、服务，不得生产、销售、进口或者提供。

**第三十七条** 生产、销售、进口产品或者提供服务不符合强制性标准的，依照《中华人民共和国产品质量法》《中华人民共和国进出口商品检验法》《中华人民共和国消费者权益保护法》等法律、行政法规的规定查处，记入信用记录，并依照有关法律、行政法规的规定予以公示；构成犯罪的，依法追究刑事责任。

**第三十八条** 企业未依照本法规定公开其执行的标准的，由标准化行政主管部门责令限期改正；逾期不改正的，在标准信息公共服务平台上公示。

## 中华人民共和国商标法（摘选）

**第十条** 下列标志不得作为商标使用：

（七）带有欺骗性，容易使公众对商品的质量等特点或者产地产生误认的。

**第十一条** 下列标志不得作为商标注册：

（二）仅直接表示商品的质量、主要原料、功能、用途、重量、数量及其他特点的。

**第十三条** 为相关公众所熟知的商标，持有人认为其权利受到侵害时，可以依照本法规定请求驰名商标保护。

就相同或者类似商品申请注册的商标是复制、模仿或者翻译他人未在中国注册的驰名商标，容易导致混淆的，不予注册并禁止使用。

就不相同或者不相类似商品申请注册的商标是复制、模仿或者翻译他人已经在中国注册的驰名商标，误导公众，致使该驰名商标注册人的利益可能受到损害的，不予注册并禁止使用。

**第五十七条** 有下列行为之一的，均属侵犯注册商标专用权：

（一）未经商标注册人的许可，在同一种商品上使用与其注册商标相同的商标的；

（二）未经商标注册人的许可，在同一种商品上使用与其注册商标近似的商标，或者在类似商品上使用与其注册商标相同或者近似的商标，容易导致混淆的；

（三）销售侵犯注册商标专用权的商品的；

（四）伪造、擅自制造他人注册商标标识或者销售伪造、擅自制造的注册商标标识的；

（五）未经商标注册人同意，更换其注册商标并将该更换商标的商品又投入市场的；

（六）故意为侵犯他人商标专用权行为提供便利条件，帮助他人实施侵犯商标专用权行为的；

（七）给他人的注册商标专用权造成其他损害的。

**第五十八条** 将他人注册商标、未注册的驰名商标作为企业名称中的字号使用，误导公众，构成不正当竞争行为的，依照《中华人民共和国反不正当竞争法》处理。

## 中华人民共和国专利法（摘选）

**第二条** 本法所称的发明创造是指发明、实用新型和外观设计。

发明，是指对产品、方法或者其改进所提出的新的技术方案。

实用新型，是指对产品的形状、构造或者其结合所提出的适于实用的新的技术方案。

外观设计，是指对产品的形状、图案或者其结合以及色彩与形状、图案的结合所作出的富有美感并适于工业应用的新设计。

　　**第五条**　对违反法律、行政法规的规定获取或者利用遗传资源，并依赖该遗传资源完成的发明创造，不授予专利权。

# 附录6 部分常用肥料执行标准编号

| 肥料名称 | 执行标准编号 |
|---|---|

**氮肥类**

尿　素　　　　　　　　　　GB/T 2440—2001

硫包衣尿素　　　　　　　　GB/ T 29401—2012

　含腐殖酸尿素　　　　　　HG/T 5045—2016

含海藻酸尿素　　　　　　　HG/T 5049—2016

硫 酸 铵　　　　　　　　　GB/T 535—1995

氯 化 铵　　　　　　　　　GB/T 2946—2008

脲铵氮肥　　　　　　　　　HG/T 4214—2011

农用碳酸氢铵　　　　　　　GB/T 3559—2001

农业用硝酸铵钙　　　　　　NY 2269—2012

**磷肥类**

普通过磷酸钙　　　　　　　GB/T 20413—2006

钙镁磷肥　　　　　　　　　GB 20412—2006

重过磷酸钙　　　　　　　　GB/T 21634—2008

**钾肥类**

氯化钾　　　　　　　　　　GB/T 6549—2011

农业用硫酸钾　　　　　　　GB/T 20406—2006

**复混（合）肥料类**（不包括已有国标、行标的复合肥料）

复混（合）肥料　　　　　　GB/T 15063—2009

掺混肥料　　　　　　　　　GB/T 21633—2008

有机—无机复混肥料　　　　GB/T 18877—2009

硝基复合肥料　　　　　　　HG/T 4851—2016

缓释肥料　　　　　　　　　GB/T 23348—2009

| 控释肥料 | HB/T 4215—2011 |
| 脲醛缓释肥料 | HG/T 4137—2010 |
| 稳定性肥料 | HG/T 4135—2010 |
| 无机包裹型复混肥料（复合肥料） | HG/T 4217—2011 |

### 有国标、行标的复合肥料

| 磷酸一铵 | GB/T 10205—2009 |
| 磷酸二铵 | GB/T 10205—2009 |
| 水溶性磷酸一铵 | HG/T 5048—2016 |
| 磷酸二氢钾 | HG/T 2321—2016 |
| 农业用硝酸钾 | GB/T 20784—2013 |
| 农业用硝酸铵钙 | NY 2269—2012 |
| 硝酸磷肥 | GB/T 10510—2007 |
| 硝酸磷钾肥 | GB/T 10510—2007 |
| 硫酸钾镁肥 | GB/T 20937—2007 |

### 水溶肥料类

| 含腐殖酸水溶肥料 | NY 1106—2010 |
| 大量元素水溶肥料 | NY 1107—2010 |
| 微量元素水溶肥料 | NY 1428—2010 |
| 含氨基酸水溶肥料 | NY 1429—2010 |
| 中量元素水溶肥料 | NY 2266—2012 |

### 微量元素肥料

| 农业用硫酸锌 | HG/T 3277—2000 |

### 土壤调理剂

| 土壤调理剂 | NY/T 3034—2016 |
| 农田保水剂 | NY/T 886—2016 |

# 附录7 部分常用肥料执行标准编号及技术指标

本书正文中没有详细介绍的常见肥料主要有以下两类，其执行标准编号及技术指标如下。

## 一、有机、生物类肥料

### 1. 有机肥料（NY 525—2012）主要技术指标

| 项 目 | 技术指标 |
| --- | --- |
| 有机质的质量分数（以烘干基计，%） | ≥45.0 |
| 总养分（氮＋五氧化二磷＋氧化钾）的质量分数（以烘干基计，%） | ≥5.0 |
| 水分（鲜样）的质量分数（%） | ≤30.0 |
| 酸碱度（pH） | 5.5～8.5 |
| 总砷（以 As 计，以烘干基计，毫克/千克） | ≤15 |
| 总汞（以 Cd 计，以烘干基计，毫克/千克） | ≤2 |
| 总铅（以 Pb 计，以烘干基计，毫克/千克） | ≤50 |
| 总镉（以 Cr 计，以烘干基计，毫克/千克） | ≤3 |
| 总铬（以 Hg 计，以烘干基计，毫克/千克） | ≤150 |

### 2. 生物有机肥（NY 884—2012）主要技术指标

| 项 目 | 技术指标 |
| --- | --- |
| 有效活菌数（菌落形成单位，亿/克） | ≥0.2 |
| 有机质（以干基计，%） | ≥40.0 |
| 水分（%） | ≤30.0 |
| pH | 5.5～8.5 |

（续）

| 项　目 | 技术指标 |
|---|---|
| 粪大肠菌群数（个/克） | ≤100 |
| 蛔虫卵死亡率（%） | ≥95 |
| 有效期（月） | ≥6 |

| 重金属限量指标要求 ||
|---|---|
| 项　目 | 限量指标 |
| 总砷（以 As 计，以烘干基计，毫克/千克） | ≤15 |
| 总镉（以 Cd 计，以烘干基计，毫克/千克） | ≤3 |
| 总铅（以 Pb 计，以烘干基计，毫克/千克） | ≤50 |
| 总铬（以 Cr 计，以烘干基计，毫克/千克） | ≤150 |
| 总汞（以 Hg 计，以烘干基计，毫克/千克） | ≤2 |

## 3. 复合微生物肥料（NY 798—2015）主要技术指标

| 项　目 | 剂型 | |
|---|---|---|
| | 液体 | 固体 |
| 有效活菌数（菌落形成单位，亿/克或亿/毫升） | ≥0.50 | ≥0.20 |
| 总养分（$N+P_2O_5+K_2O$，%） | 6.0～20.0 | 8.0～25.0 |
| 有机质（以烘干基计，%） | — | ≥20.0 |
| 杂菌率（%） | ≤15 | ≤30 |
| 水分（%） | | ≤30 |
| pH | 5.5～8.5 | 5.5～8.5 |
| 有效期（月） | ≥3 | ≥6 |

注：1. 含两种以上有效菌的复合微生物肥料，每一种有效菌的数量不得少于 0.1 亿/克（毫升）。

2. 总养分应为规定范围内的某一确定值，其测定值与标明值的正负偏差的绝对值不应大于 2%，各单一养分值应不少于总养分含量的 15%。

3. 此项仅在监督部门或仲裁双方认为有必要时才检测。

## 4. 复合微生物肥料无害化指标要求

| 项　　目 | 限量指标 |
|---|---|
| 粪大肠菌群数（个/克） | ≤100 |
| 蛔虫卵死亡率（%） | ≥95 |
| 总砷（以 As 计，以烘干基计，毫克/千克） | ≤15 |
| 总镉（以 Cd 计，以烘干基计，毫克/千克） | ≤3 |
| 总铅（以 Pb 计，以烘干基计，毫克/千克） | ≤50 |
| 总铬（以 Cr 计，以烘干基计，毫克/千克） | ≤150 |
| 总汞（以 Hg 计，以烘干基计，毫克/千克） | ≤2 |

## 5. 农用微生物菌剂（GB 20287—2006）主要技术指标

| 项　　目 | 剂　型 | | |
|---|---|---|---|
| | 液体 | 粉剂 | 颗粒 |
| 有效活菌数（菌落形成单位，亿/克或亿/毫升） | ≥2.0 | 2.0 | 1.0 |
| 霉菌杂菌数/（亿/克或亿/毫升） | $3 \times 10^6$ | $3 \times 10^6$ | $3 \times 10^6$ |
| 杂菌率（%） | ≤10.0 | ≤20.0 | ≤30.0 |
| 水分（%） | — | ≤35.0 | ≤20.0 |
| 细度（%） | — | ≥80.0 | ≥80.0 |
| pH | 5～8 | 5.5～8.5 | 5.5～8.5 |
| 有效期（月） | ≥3 | ≥6 | |

注：1. 复合菌剂，每一种有效菌的数量不得少于 0.01 亿/克或 0.01 亿/毫升。以单一的胶质芽孢杆菌制成的粉剂产品中有效活菌数不少于 1.2 亿/克。

2. 此项仅在监督部门或仲裁双方认为有必要时才检测。

### 6. 有机物料腐熟剂产品的技术指标

| 项　目 | 剂　型 | | |
|---|---|---|---|
| | 液体 | 粉剂 | 颗粒 |
| 有效活菌数（菌落形成单位，亿/克或亿/毫克） | ≥1.0 | ≥0.5 | ≥0.5 |
| 纤维素酶活（单位/克或单位/毫升） | ≥30.0 | ≥30.0 | ≥30.0 |
| 蛋白酶活（单位/克或单位/毫升） | ≥15.0 | ≥15.0 | ≥15.0 |
| 水分（%） | — | ≤35.0 | ≤20.0 |
| 细度（%） | — | ≥70.0 | ≥70.0 |
| pH | 5～8.5 | 5.5～8.5 | 5.5～8.5 |
| 有效期（月） | ≥3 | ≥6 | |

注：1. 以农作物秸秆类为腐熟对象测定纤维素酶活。

2. 以畜禽粪便类为腐熟对象测定蛋白酶活。

3. 此项仅在监督部门或仲裁双方认为有必要时才检测。

### 7. 农用微生物菌剂产品无害化指标要求

| 项　目 | 限量指标 |
|---|---|
| 粪大肠菌群数（个/克） | ≤100 |
| 蛔虫卵死亡率（%） | ≥95 |
| 总砷（以 As 计，以烘干基计，毫克/千克） | ≤15 |
| 总镉（以 Cd 计，以烘干基计，毫克/千克） | ≤3 |
| 总铅（以 Pb 计，以烘干基计，毫克/千克） | ≤50 |
| 总铬（以 Cr 计，以烘干基计，毫克/千克） | ≤150 |
| 总汞（以 Hg 计，以烘干基计，毫克/千克） | ≤2 |

## 二、叶面肥料

### 1. 含微量元素叶面肥料（GB/T 17420—1998）主要技术指标

| 项　目 | 指　　标 | |
|---|---|---|
| | 固体 | 液体 |
| 微量元素含量（Cu、Fe、Mn、Zn、Mo、B）总量（以元素计,%） | ≥10.0 | |
| 水分（$H_2O$）,% | ≤5.0 | — |
| 水不溶物含量（%） | ≤5.0 | |
| pH（固体 1：250 水溶液，液体为原液） | 5.0～8.0 | ≥3.0 |
| 有害元素　总砷（以 As 计，以元素计,%） | ≤0.002 | |
| 有害元素　总镉（以 Cd 计，以元素计,%） | ≤0.002 | |
| 有害元素　总铅（以 Pb 计，以元素计,%） | ≤0.01 | |

注：微量元素铜、铁、锰、锌、钼、硼的两种或两种以上元素之和，含量小于 0.2%的不计。

### 2. 含氨基酸叶面肥料 GB/T 17419—1998 主要技术指标

| 项　目 | 指　　标 | |
|---|---|---|
| | 发酵 | 化学水解 |
| 氨基酸含量（%） | ≥8.0 | ≥10.0 |
| 微量元素（Fe、Mn、Cu、Zn、Mo、B）总量（以元素计,%） | ≥2.0 | |
| 水不溶物（%） | ≤5.0 | |
| pH | 3.5～8.0 | |

（续）

| 项　目 | | 指　标 | |
|---|---|---|---|
| | | 发酵 | 化学水解 |
| 有害元素 | 砷（As）（以元素计，%） | ≤0.002 | |
| | 镉（Cd）（以元素计，%） | ≤0.002 | |
| | 铅（Pb）（以元素计，%） | ≤0.010 | |

注：1. 氨基酸分为微生物发酵及化学水解两种，产品的类型按生产工艺流程划分。

2. 微量元素钼、硼、锰、锌、铜、铁六种元素中的两种或两种以上元素之和，含量小于0.2%的不计。

# 问 题 氮 肥

彩图1

彩图2

彩图3

彩图4

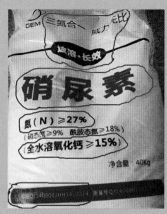

彩图5

彩图6

彩图7

彩图8

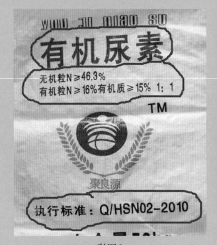

彩图9

彩图10

彩图11

彩图12

彩图13

彩图14

彩图15

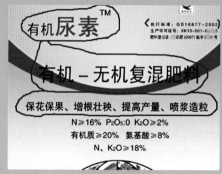

彩图16

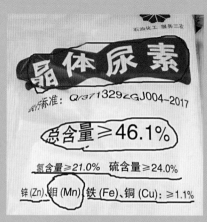

彩图17

彩图18

彩图19

彩图20

彩图21

彩图22

彩图 23

彩图 24

彩图 25

彩图 26

彩图 27

彩图 28

# 问 题 磷 肥

有机磷肥

有效五氧化二磷 ≥12.0%
氨基酸 ≥4.0%    有机质 ≥6.0%

执行标准：Q/BFY 01-2010
净含量：50kg

彩图29

含氨基酸有机磷肥

本产品是我公司为适应现代绿色无公害农产品的农业生产需求而研制开发的磷肥新品种 不仅含有丰富的磷、氨基酸、有机质、腐植酸，而且含有氮、硫、钾等多种营养元素，具有速效养分含量高，肥效稳定持久，促进多种酶的活化作用改良土壤，促进根、茎、叶的生长发育，增强抗病、抗旱、抗倒伏能力，使作物籽粒饱满，加快成熟，能有效提高农产品品质，是增产增收、节约环保型的理想肥料。

非常感谢您选购 ████ 肥业有限责任公司生产的 "████" 牌系列肥料，为防假冒请广大农民朋友到 "████" 肥料直销处购买，并注意查看袋内或封口处 "合格证" 及批量编号。

生产许可证：XK13-002-00█87

彩图30

生物酶活化磷肥
新型矿物肥料

含磷(P₂O₅) ≥16%

多溪轩 抗重茬 清碱降盐 培肥地力

（ 、镁、硫）≥20%
抗重茬H粉（进口）≥1%
有益活性菌 ≥2亿/千克
土壤活化剂 ≥10%
生根粉 ≥2%

执行标准：Q/ZZX 01-2015

彩图31

# 问 题 钾 肥

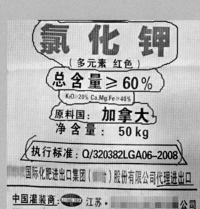

彩图32

彩图33

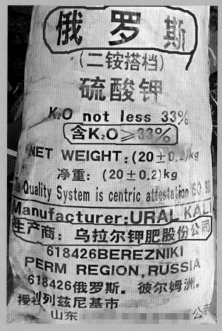

彩图34

彩图35

彩图36

颗粒钾肥—尿素二铵伴侣

【产品简介】

彩图37

彩图38

有机钾肥

彩图39

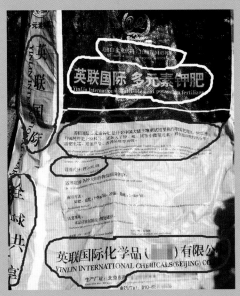

彩图40

彩图41

彩图42

彩图43

彩图44

彩图45

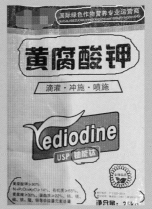

彩图46

彩图47

彩图48

彩图49

彩图50

# 问题复混肥

彩图51

彩图52

彩图53

彩图54

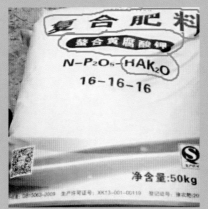

彩图55

彩图56

通过ISO9001:2000国际质量管理体系认证

**欧美特®**

# 氨基酸铵

有机肥料 喷浆造粒

## 16－0－2

含氮钾≥18% 解钾因子≥17% 解磷因子≥17%
氨基酸≥10% 有机质≥20% 腐植酸≥10%

GB15063-2001 XK13-206-0□□7

净含量:50kg

**欧美特肥业有限公司**

地址:□□□□□□□□□□□□
中国大陆免费服务电话:800-860-□□□□

彩图57

# 硝酸磷肥

（俄罗斯技术）（复合型）

## 总养分 ≥ 39%

$N-P_2O_5-K_2O$  26－13－0

GB15063-2009 （□）XK13-001-00□7
农肥(2012)准字04□号

彩图58

# 硝酸磷钾

（含硝态氮）

## 总养分 ≥ 38%

$N-P_2O_5-K_2O$  （20－9－9）

氨基酸≥5%    CaO≥5%

净含量：50kg

执行标准：GB15063-2009
农肥登记证：农肥(2010)准字0□0号
生产许可证：XK13-001-0□号

彩图59

# 复合肥料

（土豆专用）
总成分≥40%
$N-P_2O_5-K_2O≥25\%$
有机质≥10% 腐植酸≥5%
苏农肥(2008)准字-0061-01号

执行标准：GB15063-2009
许可证号：(苏)XK13-001-00050

**ZNML**
jiajiguoji

净含量
50kg

北京□□□□嘉吉国际贸易有限公司
Beijing Zhuangnong P Cargill International Trading Co., Ltd. United States
地址:北京市□□□□□□□□
监控生产商:□□□□□□□□□□
经济开发区
□□□□□□□□

彩图60

彩图61

彩图62

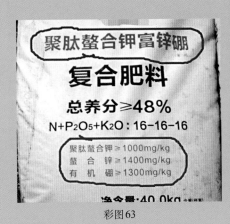

彩图63

彩图64

彩图65

彩图66

彩图67

彩图68

彩图69

彩图70

彩图71

彩图72

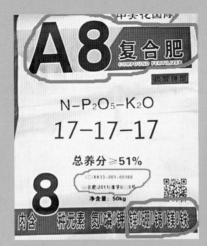

彩图73

彩图74

彩图75

硝基磷酸铵

总养分 ≥ 39%

N: 26%    P₂O₅: 13%

XK13-001-0███7

GB15063-2001

███农肥(2008)临字1██6号

净含量：50kg  含cl

彩图76

彩图77

彩图78

彩图 79

彩图 80

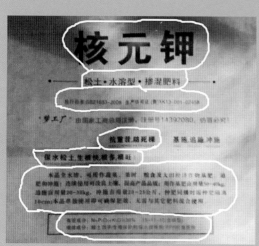

彩图 81

彩图 82

彩图83

彩图84

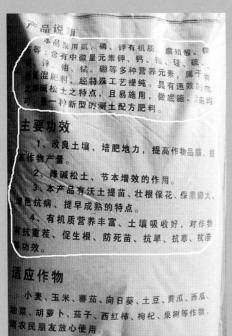

彩图85

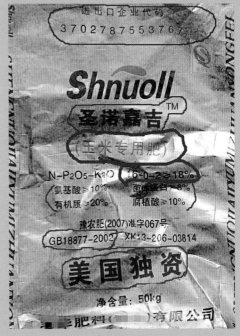

彩图86

彩图87

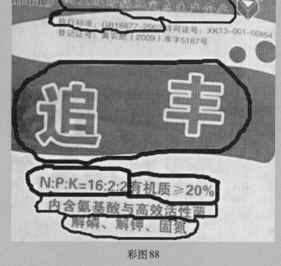

彩图88

彩图89

彩图90

# 问 题 复 合 肥

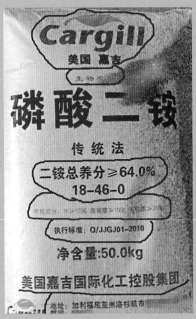

彩图91

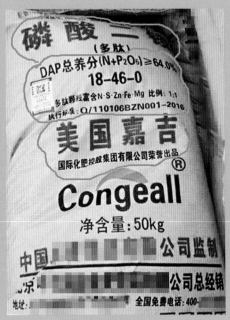

彩图92

彩图93

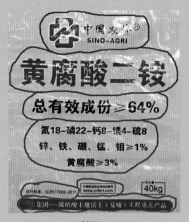

彩图94

执行标准：GB18877-2002
生产许可证：XK13-001-00196
肥料登记证：农肥(2007)临字0.J1号

长效缓释二铵™

有机-无机复混肥料

N≥16% P₂O₅:0 K₂O≥2%
有机质≥20% 氨基酸≥8%
N、K₂O≥18%

Ygjiaji 烟港嘉吉

有机二铵

总有效成分≥64%
N-P-有机质-腐植酸
18-20-20-6

Q/DHJJ003-2008
苏农字(2008)临字0305-01号

美国
嘉吉国际化工集团有限公司
净含量：50kg

彩图95      彩图96

彩图97      彩图98

彩图99      彩图100

# 磷酸二铵

多元素

二铵总养分≥64%
N-P₂O₅-K₂O 18-46-0

S≥10% Mg≥14%

粒度：1.00mm-4.75mm
执行标准：Q/ZGMS16-2017

传统法 优等品

净含量：50kg

化肥有限公司

彩图101

TULINGUOJI
突磷国际

# 硫钾二铵

总养分≥50%（含硫酸钾）

N-P₂O₅-K₂O 12-30-8

Q/371329MKX010-2017

净含量：50kg

突磷国际 原产国（突尼斯）

进口化肥有限公司提供商标

山东　　　有限公司出品

地址：山东　　　　　XK13-

全国服务电话：400-

彩图102

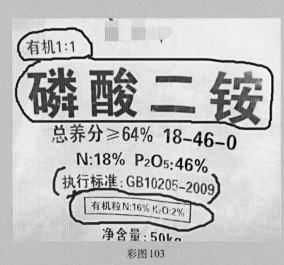

有机1:1

# 磷酸二铵

总养分≥64% 18-46-0

N:18% P₂O₅:46%

执行标准：GB10205-2009

有机粒N:16% K₂O:2%

净含量：50kg

彩图103

美国求谷室IHP技术

纯硫基

# 硫磷二安

二铵升级产品(硫磷酸铵)

19-19-19

N-P₂O₅-SCM

净含量：40kg

肥业有限公司

彩图104

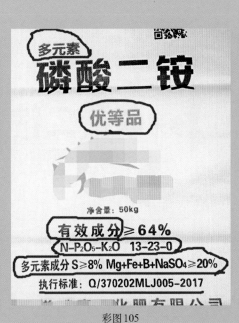

多元素
**磷酸二铵**

优等品

净含量: 50kg

有效成分 ≥ 64%
$N-P_2O_5-K_2O$  13-23-0
多元素成分 S≥8% Mg+Fe+B+NaSO_4≥20%
执行标准: Q/370202MLJ005-2017

化肥有限公司

彩图105

Ca dmill ™
美国美盛
**磷酸二铵**

★★★★★★★★★★
**美国美盛**

执行标准: Q/SEH01-2012
无机粒氮≥18% 磷≥46% 总养分≥64%
有机粒(黑)氮≥16% 钾≥2% 1:1

净含量:50kg

美国美盛国际化工集团有限公司
联合推出
河北 肥业有限公司
地址: 电话:400-

彩图106

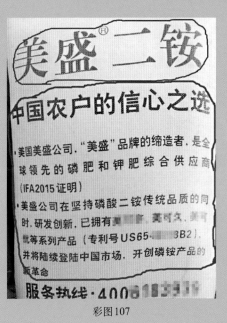

**美盛®二铵**

中国农户的信心之选

• 美国美盛公司,"美盛"品牌的缔造者,是全
球领先的磷肥和钾肥综合供应商
(IFA2015证明)
• 美盛公司在坚持磷酸二铵传统品质的同
时,研发创新,已拥有 莫可久 美育
等系列产品(专利号US65- 3B2),
并将陆续登陆中国市场,开创磷铵产品的
新革命

服务热线·400

彩图107

Jiajidadi®

嘉吉大地
**多元素二铵**

Q/370400 JJLH003-2017 净含量: 50kg(公斤)
美国嘉吉化工进出口集团有限公司 联合研发
有限公司
分公司总经销

彩图108

# 多元素二铵

由美国嘉吉化工进出口集团有限公司与山东嘉吉██████进出口贸易有限公司联合研发多元素二铵，该产品营养全面，高效多能，达到了高、中量元素搭配互补的作用。对农作物的吸收利用具有极高的广泛性和有效性。能有效调节土壤中的酸碱度及解磷、解钾作用。

本产品是世界最先进的多元素保密配方。

相当于普通二铵**120斤**使用

咨询电话：400-████-████

彩图109

美亚嘉吉™  美亚国际

多元 磷酸二铵

提高养分 ≥64%

N 11  P 21  S 16  Mg 5.5  Ca 10

增效剂 ≥35.5%  微量元素 ≥30%  Co ≥20%

执行标准：Q/MYFY01-2014

净含量：50kg

美国美亚国际进出口有限公司联合推出
河北 ████████ 公司

彩图110

本企业采用ISO9001国际质量体系认证

# 生态二铵

（有机型）

总含量 ≥64%

N ≥ 16% K ≥ 2% Ca、Mg、S、Zn等中量元素 ≥14%
有机质 ≥20% 氨基酸 ≥12%

中 江 化™ 国

██农肥 (2008) 准字0██6号 生产许可证号：XK13-001-0██5

净含量：40kg

江苏 ████████ 有限公司

地址：江苏省 ████████

彩图111

JIFENGDAHUA

# 硫磷二铵

二铵传统法 ≥64%

N11.5  P21  S16  Mg5.5  Ca10

NPK ≥32.5%  微量元素 ≥31.5%  生根剂  催熟剂  蛆蛆酶

## Gargill
## 美国嘉吉

净含量：50kg

Q/JFDH05-2017  许可证号：XK13-001-00██3

青岛 ████████ 有限公司

彩图112

彩图113

彩图114

彩图115

彩图116

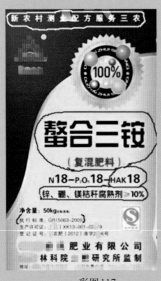

彩图117

彩图118

彩图119

彩图120

彩图121

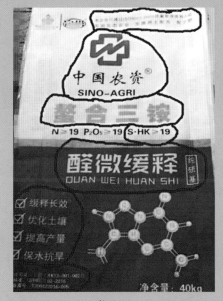

彩图123

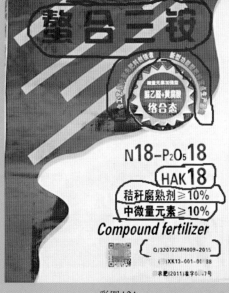

彩图124

彩图125

彩图126

彩图127

彩图128

彩图129

彩图130

彩图131

彩图132

彩图133

彩图135

KH$_2$PO$_4$ ≥ 99%
K$_2$O ≥ 33%
P$_2$O$_5$ ≥ 51%

彩图134

彩图136

彩图137

彩图138

彩图139

彩图140

彩图141

# 问 题 水 溶 肥

彩图142

彩图143

彩图144

彩图145

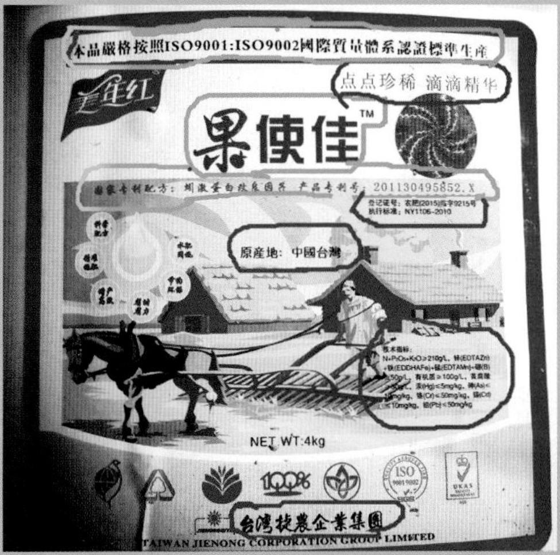

彩图146

彩图147

彩图148

彩图149

彩图150

彩图152

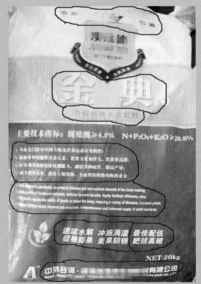

彩图151

彩图153

# 问题肥料补遗

彩图154

彩图155

彩图156

彩图157

彩图158

彩图159

彩图160

彩图161

彩图162

彩图163

彩图165

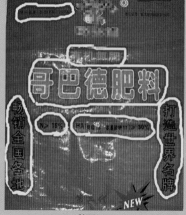

彩图164

彩图167

彩图166

彩图168

彩图169

FINE QUALITY FERTILIZER
Fertilizer

FERTILIZER

JIN KOU JI SHU FU WU DA LU

生态生根的增敬肥料

碳酶 X-Tend 专施专用
控释氮肥
CONTROLLED RELEASE
NITROGEN FERTILIZER

氮≥30% 中微量元素≥15%
执行标准：Q/TSFY021-2012

内含（提高30%-50%肥效的碳酶增效剂3000g）
内含（土壤调节剂母料500g）
碳碳技术（MICRO CARBON）
促生技术（PROBIOTIC SOLUTIONS）
美国非常规格合技术（THE UNITED S-U-C-T）

净含量：40kg

彩图170

氨基酸有机生物发酵肥
腐植酸 二铵

美国 爱德森

总有效成份≥64%

氮磷钾≥15% 有机质≥15% 氨基酸≥8%
腐植酸≥8% 钙、硫、铜、铁、锌、锰18%

执行标准：QB/T2849-2007 XK13-206-00391 卫农肥 04

净含量：50kg

美国爱德森农业化工集团有限公司

授权灌装商：

地址：北京市

彩图171

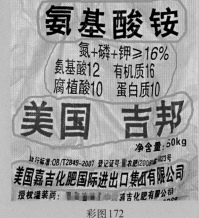

Giband ™ 生物发酵肥
吉邦
氨基酸铵
氮+磷+钾≥16%
氨基酸12 有机质16
腐植酸10 蛋白质10

美国 吉邦

净含量：50kg

执行标准：QB/T2849-2007 登记证号：农肥（200 23号

美国嘉吉化肥国际进出口集团有限公司

授权灌装商： 嘉吉化肥有限公司

彩图172

彩图173

彩图174

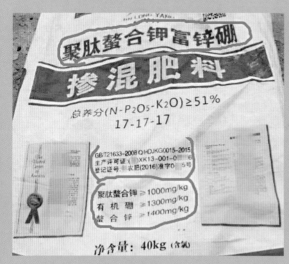

彩图175

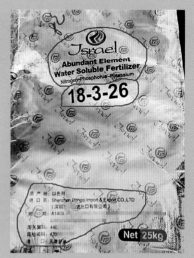

彩图176

彩图177

彩图178

彩图179

彩图180

彩图181

彩图182

彩图183

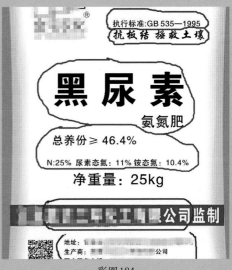

彩图184

中国农资 ZGNZ

**晶体尿素**

执行标准：Q/110106□□004-2017

总指标值≥46.2%

氮≥21.0%　硫≥25.0%

Zn+B+Cu+Fe+Mg≥0.1%

聚酯螯合钾：≥0.1%

彩图185

**腐酸三铵**

（复合肥料）

保水保肥　改良土壤

总有效成分≥54%

**18-18-18**

纯硫基 N-P$_2$O$_5$-KFA

净含量：50kg

彩图186

**硫磷二铵** ™

土壤调理剂

总成分≥64%

N≥10% S≥18% MgSO$_4$·7H$_2$O≥30%

微量元素≥6%

™

执行标准：Q/3700FEK001-2011

净重：50kg

□□有限公司

彩图187

【喷浆造粒　国际领先】

**黄腐酸钾**

FULVIC ACID POTASSIUM 微生物菌剂

（硫酸钾型）

☑工艺先进　　☑改良土壤

☑抗旱抗重茬　☑解磷解钾

☑促进作物生长　☑抑杂菌防病害

有机质≥46% 黄腐酸≥16%

N+P$_2$O$_5$+K$_2$O≥5% 中微量元素≥12%

有效活性菌≥2亿/克

执行标准：GB20287-2006

登记证号：微生物肥（2017）临字（4□3）号

Net weight:40kg

□□□□□□□□公司

彩图188

彩图189

彩图190

彩图191

彩图192

# 合 格 标 识

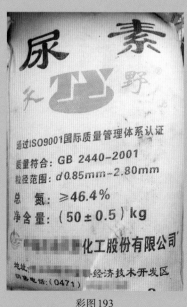

彩图193

彩图194

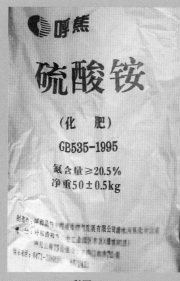

彩图195

彩图196

彩图197

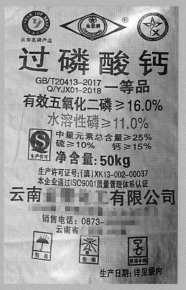

彩图198

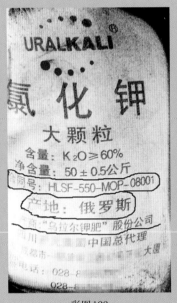

彩图199

彩图200

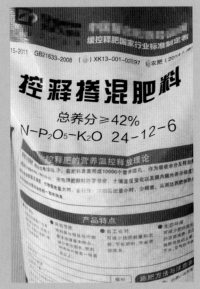

彩图201

彩图202

掺混肥料
（硫酸钾型）
（适用瓜果、蔬菜）
氮: 10 磷: 24 钾: 11
$N-P_2O_5-K_2O$: 10-24-11
总养分≥45%

金和昌®

执行标准: GB/T21633-2008
生产许可证: （蒙）XK13-001-00061
肥料登记证: 蒙农肥（2013）准字0394号

净含量: 50kg

市土壤肥料工作站认定生产商
县农业技术推广中心测土配方肥指定生产商
内蒙古　　　　　　肥业有限责任公司
地址:　　　　　　园区 电话/传真: 0478-

彩图203

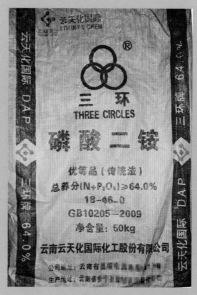

THREE CIRCLES

磷酸二铵

优等品（传统法）
总养分(N+P_2O_5)≥64.0%
18-46-0
GB10205-2009
净含量: 50kg

云南云天化国际化工股份有限公司

公司地址: 云南省
生产地址: 云南省

彩图204

执行标准: HG/T2321-2016

利尔

磷酸二氢钾
（KH_2PO_4≥99%）
$P_2O_5≥52\%$　　$K_2O≥34\%$

净含量: 1kg

四川　　　　　科技有限公司
SICHUAN　　　GYEKEJIYOUXIANGONGSI

彩图205

有机无机
复混肥料
COMPOUND FERTILIZER

N+P2O5+K2O≥25%
15-5-5
有机质含量≥15%
执行标准: GB18877-2009
肥料登记证号:　农肥(2016)临字0　　号
生产许可证号:　)XK13-001-0　　0

地址:　　　工业园区 电话: 04

彩图206

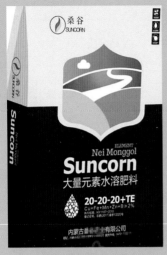

彩图 207

彩图 208

# 其　　他

彩图 209　　　　　　　　　　　　彩图 210